給孩子的廚房筆記

跟著**阿芳媽媽**學做菜

蔡季芳 著

推薦序

給女兒的嫁妝食譜書

東風衛視〈料理美食王〉節目主持人　焦志方

看了阿芳老師的這本新書，才發現怎麼愈看愈眼熟？感覺就像是自己置身書中一樣。

做了十幾年的美食節目，一開始我在節目裡面不斷的發問，問師傅為什麼要這樣做？問老師怎麼做才會比較好？經常收到觀眾朋友責難的批評：怎麼會有一個男人這麼多話，不停的在說、不停的在問！漸漸地這樣的聲音愈來愈少了，取而代之是觀眾的認同聲：你問的都是我們想要問的耶！只是我們隔著電視機問不到，沒想到你竟然都知道我們想要問什麼！

這會兒在書中，我的角色成了阿芳老師的寶貝女兒，原來大家都喜歡發問。

阿芳老師出版食譜書已經不是第一本了，每一本書都各有不同的切入角度和特色，而這一本書最大的特色是把文字無法清楚表現的「畫面」和「細節」透過她和女兒之間的對話給展現出來，讓大家彷彿坐在電視機前收看阿芳老師教做菜一樣，能夠清楚明白的學會每一道菜的來龍去脈，而阿芳老師的出發點則是把所有的觀眾當做自己的女兒一樣，用最細心、耐心、貼心的態度，完整而詳盡的教著所有的菜色，就怕女兒學不會、就怕女兒做不好！

阿芳老師用準備女兒嫁妝的態度寫了這本書，和大家分享，相信所有人都感受到這份媽媽的心意，一邊看一邊做也同樣可以嚐到這些屬於媽媽的味道。

待嫁女兒最想擁有的廚房寶典

東森購物專家　斯容

與阿芳老師情同姊妹，而我們的結緣是從一起在購物台合作推薦生活用品開始。我從小到大真的就是個不折不扣的生活白癡，三餐老是在外的日子過了十幾年，是個連煮個飯、打個蛋、做個湯都不會的標準都會單身貴族。但自從與阿芳老師合作後，我從她身上學習到好多豐富的生活常識和廚房知識。也才知道要煮出一頓色香味俱全的料理，原來必須具備那麼多經驗和知識，而這些知識卻是以往從來沒有人教過我的。因此我經常暗自羨慕阿芳老師的一雙兒女，除了每天都能吃到阿芳老師充滿愛的料理外，也覺得能有這麼充滿智慧的完美媽媽真好！

現在很開心得知阿芳老師要把人生中最寶貴的經驗和知識，用文字的方式與你我分享，這實在是一份無價的禮物。而且這本書不同以往，還多帶了些傳承的意味在裡面。如果你同我一樣，或是你的兒女如同我一樣，嚮往能做得一手好菜，但卻又是什麼都不懂的廚房新手，不知應該從哪裡開始學習起，非常推薦你來看這本書，相信你一定會跟我一樣，有著超乎想像的收穫！

作者序

寫在本書之前：給我長大了的孩子

進入食譜寫作這麼多年，這本書不是我第一次以媽媽的身份撰寫食譜，十幾年前，我曾經寫過一套書分別是《陪孩子做點心》、《做孩子愛吃的菜》，是當時以我當媽媽主觀的想法，從營養健康、兼顧趣味和美味的角度，為自己幼齡的孩子寫下親子同樂的食譜。

而經過了十幾年，孩子早已不是當時的孩童，兒子已屆而立之年，成家立業，組織自己的小家庭，也只是時程上的事；女兒到了考大學的年紀，有一天出外求學、獨立生活似乎也在不遠之處，於是今年我認真思考是時候寫下這樣一本食譜，讓孩子們可以和廚房和平共處，也藉此傳承我們家的味道，生活中吃喝搞定了，其他的事也就簡單了。

當孩子小的時候，寫食譜的立場常是我要給孩子什麼；當孩子大了，孩子喜歡什麼、需要什麼，反而是這本食譜構成的主要因素，也更像是我們家的飲食筆記。在我自己看來，烹飪是生活的基本技能之一，不應該用時間不夠用，課業工作太忙而忽視下廚這件事，就像我自己即使工作再忙，我也一直將為家人下廚當成一件重要的事，也始終是認真的實踐者，於是我以實用和必須兩件事開始撰寫這本食譜。

一面揀選那些在我們餐桌上翻轉過許多回合，卻始終不曾跌出榜單外的菜色，一面體會著家庭料理最深刻的魅力——單純耐吃、料理方便。也許你從來不知道，一道菜可以維繫一個家庭的情感，可是細細翻閱這本書，不只有菜，更融入了許多家庭生活中的羈絆，裡面有母親給我的味覺記憶，也有我為家人、兒女打點的食物篇章，而隨著新家庭的成立，而故事也會愈來愈多。

當然也要感謝這十幾年的烹飪教學歷程，讓我學會了下廚煮飯外，進一步將繁雜的廚房工作，整理出簡易的SOP流程，減少年輕人對下廚這件事的門檻和壓力。在我為人母多年後，不久的未來即將當人婆婆，甚至做人岳母的時刻，我用這本廚房筆記，送給即將和正處於這個年紀的孩子們，我想說：「下廚，真的是很快樂的一件事」。

蔡季芳

目錄

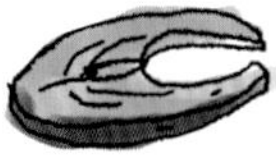

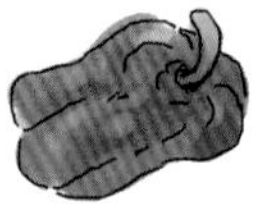

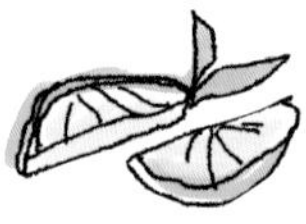

如果有什麼疲勞消除的特效藥，必定是湯

關於廚房，我想說的是……

學做菜說來簡單，其實背後藏了不少學問，不只是煎煮炒炸，對於不熟悉廚房的新鮮人來說，媽媽覺得理所當然的常識，往往就足以讓孩子們手忙腳亂了。

到底食材要怎麼收納，廚房工具該怎麼使用，有什麼東西該準備，不管是多小的事，就讓我們從這裡開始吧！

你該懂的廚房動線規劃——同時兼顧安全和便利

好用的廚房無關大小，而在於空間與動線的配置，兼顧安全和便利，做對了，即使小廚房也能像工廠生產線一般，快速料理出美味，如果動線不對，即使是很大很美的廚房，也會讓下廚者費時費勁，還會把廚房搞得像慘烈的戰場。

正確的動線規劃，以料理工序為最正確的順位，依序為冰箱區→洗滌區→切菜區→爐火調理區。在爐火區左右旁配置調味料區；如果每一區塊都能控制在腳程約兩步的距離，則是最佳的黃金動線。

基礎動線處理守則

1 **冰箱區**：儘可能整理有序，一目瞭然，並減少不必要的開關。1

微波爐和烤箱通常會和冰箱一同配置，需注意電力問題，兩者使用後，最好把爐門保持微開至熱氣散盡，才不容易產生異味，清理時，以軟性布材擦拭，避免刮傷爐身，降低爐子的安全性。2

2 **洗滌區**：可分出兩槽用水為佳，洗滌時可以盆盛水，減少浪費。3

流理台旁可準備乾濕抹布各一，清潔和拭乾不要混用，保持衛生無虞。4

3 **切菜區**：切菜空間首重安全。

1

2

3

4

4 爐火調理區：爐具多為雙口爐，一邊煮湯，一邊炒菜，需時時保持清潔。5

爐子在烹調後尚有餘溫時，以濕布擦拭容易洗淨，若烹煮食物湯汁液出要把出火孔洞的以針清通，火色要保持為藍火狀態才正確，若火苗偏紅，表示瓦斯燃燒不完全，容易黑鍋底，可以自己從底下風管處調整入氣閥，或請人修理。

雖然大家越來越不愛油炸，但家庭料理難免，所以要設一個耐溫有蓋的油鍋、配上濾網，可以保持油品質。少量炸油可以用來炒菜，需儘速用掉。6

抽油煙機濾網要保持乾淨，可定期以小蘇打糊浸泡，即能輕鬆洗淨。7

5 調味料區：依使用頻率整理，鹽糖置於醒目處。8

調味料除分類格放之外，不易分辨的粉料，可開封後裝入密封罐，並在外加註標記。9

6

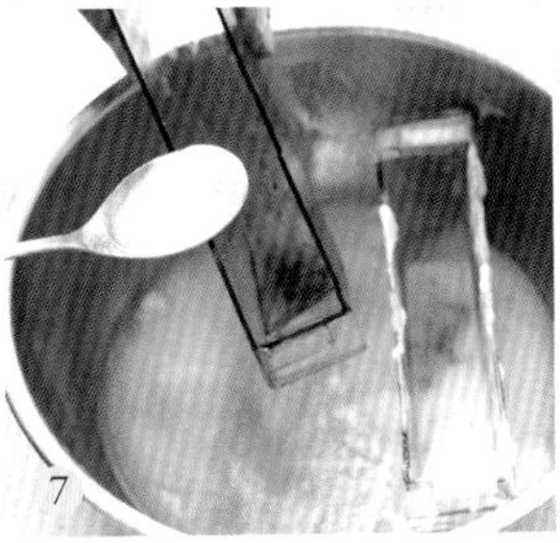
7

8

9

5

1 熟食放上層。
2 保鮮盒分層疊放，可省空間。
3 生鮮往下層放，減少污染。
4 可放竹炭除臭。

聰明冰箱整理術──一次搞懂冷凍、冷藏和保鮮的收納整理

傳統家庭生活，媽媽早晨上市場採買當日食物，學問不大，現代生活忙碌，多半為數天甚至一兩週一次存糧，因此冰箱儲存是很大的幫手，當然最重要的是適度進貨，不過度採買才不會因長期囤積，讓食物鮮度打折，甚至浪費。

而冰箱整理要有也要物流的觀念，才能有效管理：

1 **分量包裝**：現代人習慣在量販店一次購足食材，包裝的份量大，很難一次使用完畢，要以分量的隔層包裝方式保存，才能方便下次取用，才不會重複結凍，下次又重複解凍。1

2 **平整收納**：冰箱食物存放，愈清楚愈不易產生污染。從熟食到生鮮，應由上而下擺放，藉助保鮮盒，不容易流失水分或滲水，也可層層疊放。2

3 **標示註記**：分裝的食材可註明品項，可減低取菜冰箱開啟時間，減少能源浪費。3

4 **保持通風**：冰箱冷風出氣口保持氣流順暢，並可以天然的竹炭、咖啡渣、切開擠過的檸檬達到去除異味的效果。4

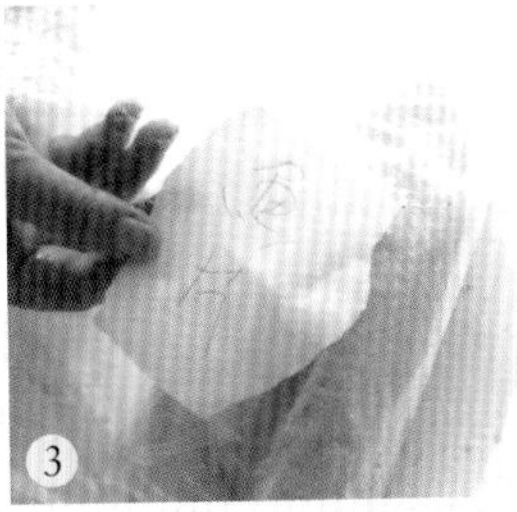

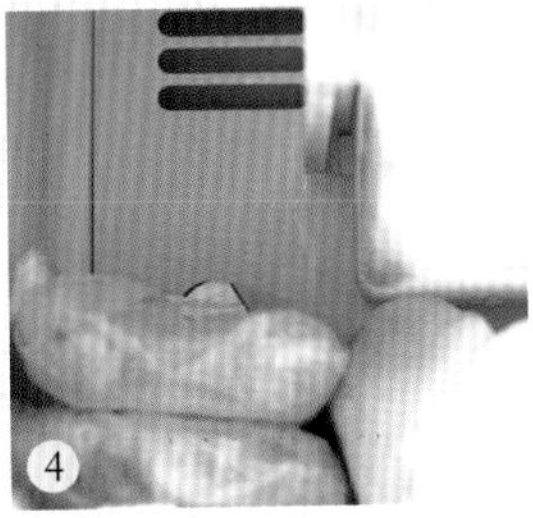

善用冰箱：不同食材的保存包裝法

1 肉類的保存——以每次家庭烹煮的最小單位份量來分量。

a. 絞肉裝入清潔袋子，壓平整、折疊分量、每次適量取用。1 2 3

a.

1 絞肉裝袋壓出空氣。

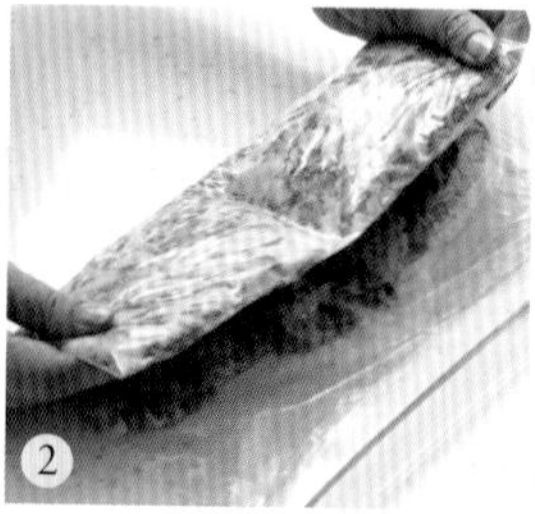

2 對折區分份量。

3 依需求適量取用。

b. 培根以廚房烘焙紙3～4片一層分層疊放，包好冷凍即可保持培根平整冷凍狀態。4 5

c. 排骨可一次以熱水汆燙變色，以清水洗淨，分為3～4塊，一次的份量為小包，再裝入大包袋並標記註明排骨。6 7

b.

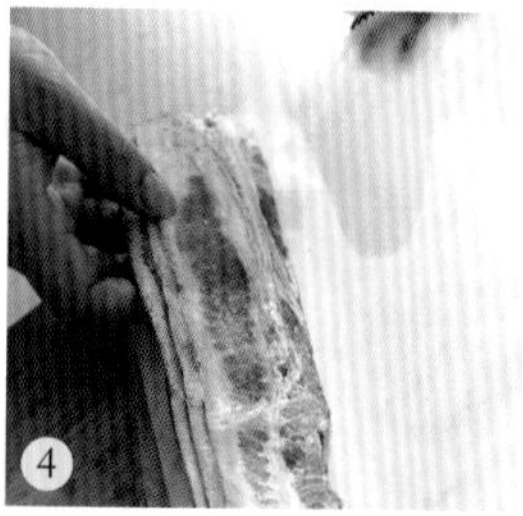

4 3～4片一層，以烘焙紙對折分隔。

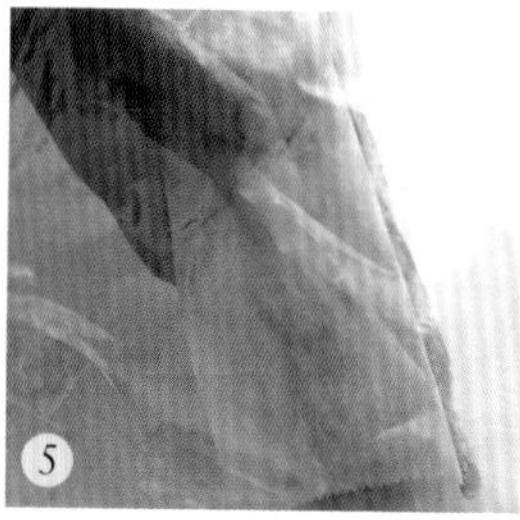

5 入保鮮袋中冷凍保存。

c.

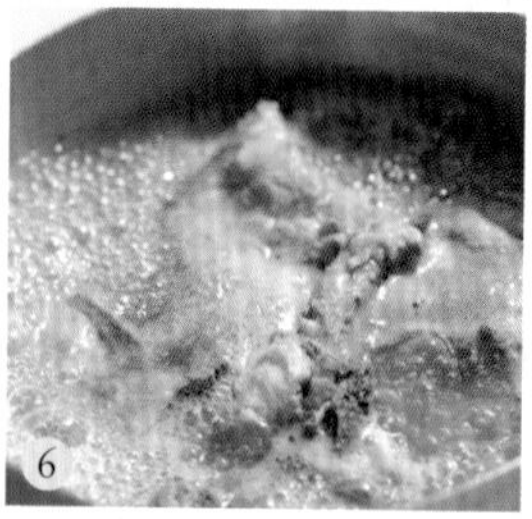

6 排骨汆燙洗淨

7 分成小包再裝入大包裝。

2 豆腐的保存——生鮮豆腐買回時先洗淨，放入保鮮盒，加上冷開水平淹，加蓋即可入冰箱冷藏。

非盒裝豆腐要加水後冷藏。

3 蔬菜的保存——以袋子擠出空氣包妥，防止水分流失，註明品項，可減低取菜冰箱開啟時間。8 9 10

放入袋子。

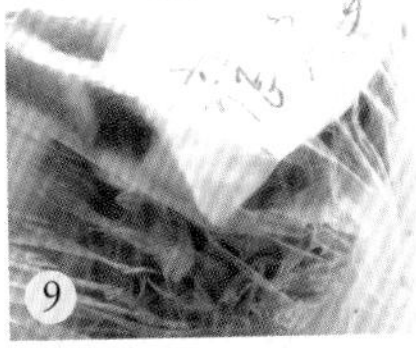

註明品項。

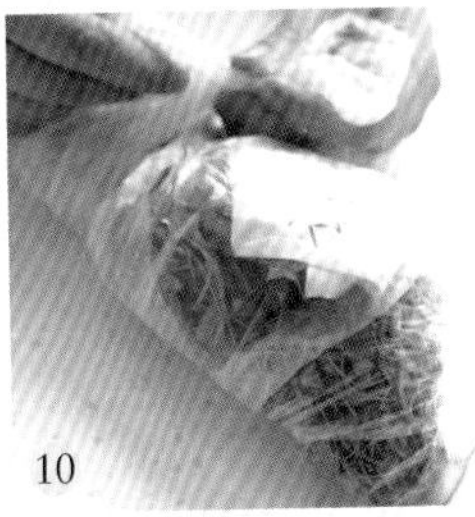

擠出空氣綁好。

根莖類蔬果，如南瓜、洋蔥、馬鈴薯…等無需冷藏，置於通風處即可。

4 海鮮的保存——採買回來，盡速以低溫水略沖瀝乾後冷凍。

a. 魚類：長型漁鮮，如完整全魚、口足類，直接以袋子包妥即可；扁平狀鮮貨如魚片，可以塑膠袋對折分層包好冷凍。11 12

b. 蝦子瀝乾冰以袋子包好拍平，外層多加一張白紙，再包一層，以免手入冷凍拿取食材被蝦尖刺傷。13 14

a.

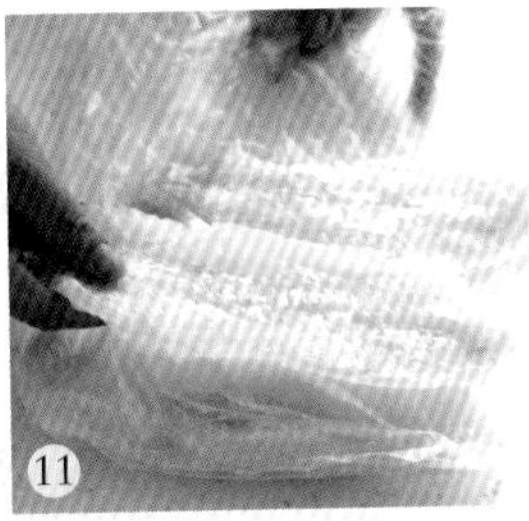

如3片魚片，可以將2片魚片平放入塑膠袋。

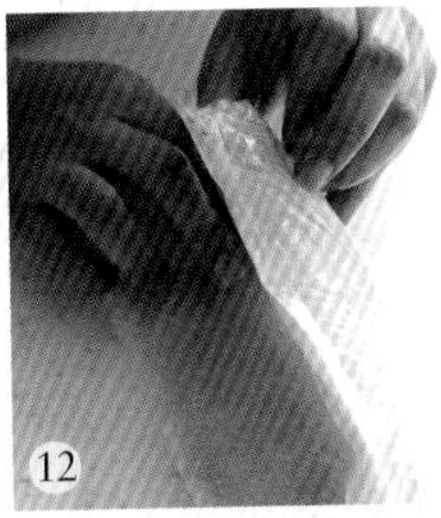

塑膠袋對折後，將第3片魚片夾入其中隔開，再放入保鮮袋冷藏即可。

b.

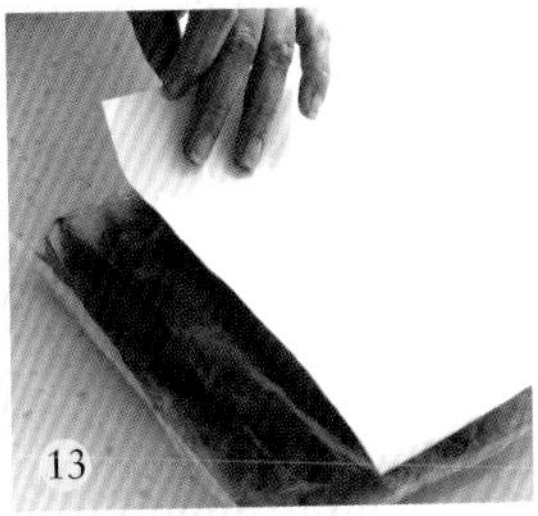

蝦子外層要多加一張白紙，以免手被刺傷。

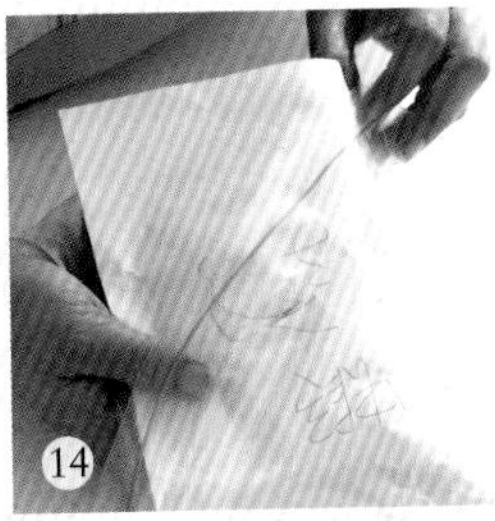

再裝入保鮮袋密封保存。

你一定要認識的好幫手：廚房工具一覽

一個廚房的工具，就如同作戰時的武器可繁可簡，而工具中就以鍋子最有學問，一般家庭鍋子最基礎的配置概念，最好有一個炒鍋、一個平底鍋、一個有蓋湯鍋（容量可放一隻雞），一個俐落操作的單柄小湯鍋，外加煮飯的電鍋或電子鍋。

·**炒鍋**——因為炒鍋需藉由炒菜鏟炒動，所以最好不要有塗層，才不會因為翻炒的動作減低鍋子壽命，鍋子的大小口徑以32～36公分較方便，符合順手鏟動的人體工學。並附上鍋蓋，燜炒時可加快速度，鍋子烹煮後趁熱清洗才好洗淨，洗好倒蓋放於通風處為佳。

·**平底鍋**——適合煎的料理工法，所以不沾鍋較佳，可以減少煎煮時的用油量，鍋型口徑以28～30公分為佳。可配合料理夾、木質鏟或筷子使用，才不容易傷鍋，清洗時不宜使用過度尖銳的刷子清洗。

·**湯鍋**——以一隻全雞可放入者為佳，煮多煮少都OK，如果有適合蒸籠配件，下層煮湯，上方蒸菜，可節約能源。

·**單柄小鍋**——煮少量食物時，加熱快，容易操作，煮輕食方便。

·**電子鍋**——電子鍋多半有防沾內鍋，清洗時避免以尖銳菜瓜布刮洗，要泡過再洗，洗完擦乾，不用時，電鍋鍋蓋保持微開，才不會產生異味。

·**傳統電鍋**——有內外鍋，可以用來煮飯，也可用來配合家中的小鍋子隔水蒸燉湯品或料理，國人偏好10人份量的鍋型，若一般家庭烹煮3～4人飯量，裡面用來煮飯的內鍋可使用小一點容量，米飯才會煮得透。

·**烤箱**——有容量大小和溫度火力可否設定的功能差異，一般家庭烹調不需過大，如果有溫度設定，以料理烘烤，200℃上下的火力最常使用。使用後要趁尚有餘溫擦拭乾淨，才不會因為食物噴出的油漬乾化，每次重複加熱，產生質變異味。

·**快鍋或燉鍋**——快鍋藉由鍋子密閉壓力減低烹煮時間，對於肉類、湯品料理可省下時間及能源，燉鍋多為陶土鍋底，用電量低但烹調時間長，用於燉湯，湯質特別好。

單柄小鍋

湯鍋

平底鍋

炒鍋

快鍋

烤箱

傳統電鍋

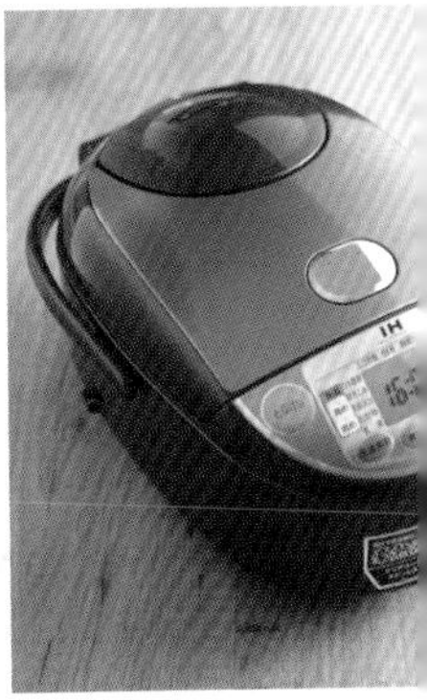
電子鍋

刀具及一般工具

一般家庭約需三把刀，菜刀、熟食刀、水果刀。

·**菜刀**——菜刀切菜用，手握要穩，刀寬可高約6～8公分，才容易一手握刀，一手呈貓爪式按菜，並頂住刀片，才不易切到手。

·**熟食刀**——可為另一把菜刀，亦可為長型的日式廚師刀，確實用來切熟食，才不會產生生熟食交叉感染。

·**水果刀**——最好搭配輕便型的砧板，用以切水果，刀子型體不宜過大，刀拿在手才容易控制。

·**刨刀**——用於刨皮用，現在也有多功能刨刀、刨皮、刨絲、磨泥、挖芽眼器都在一把刨刀上，方便不佔空間，但不可在桌板上切。

·**料理夾**——用於廚房夾取熟食，所以不鏽鋼金屬為佳。

·**剪刀**——廚房中要有兩把剪刀，一為剪包裝雜用，一為食物剪，不要混用，多半以不鏽鋼，可清洗不生鏽為佳。

·**砧板**——切菜用，需分出生熟食兩塊砧板，才不會有衛生疑慮，用完洗淨最好放在通風處，也可放在爐台後靠壁，烹煮時的火源熱度，容易讓砧板保持乾爽。

刀子的存放，以通風處為佳，刀鋒向下較安全，切菜時一定要搭配砧板，每隔一段時間，可以簡易磨刀器磨利，才不會讓刀鋒鈍化。

生、熟食砧板要分開使用。

砧板洗淨後，可放在爐台後快速乾燥。

輕便刀
可折疊水果刀
熟食刀
菜刀
料理夾
剪刀
食物剪刀
刨刀

柴米油鹽小常識，學好了就是一門大學問

油品 1

一般家庭用油量愈來愈少，也越注重油品的健康概念，因此在家中廚房可針對不同料理工序及需求選擇，大宗用油如：大豆沙拉油、葵花子油、玄米油，西式料理或低溫冷食以橄欖油品為佳，補養料理則可選用胡麻油、茶油為佳。

提香則用白芝麻油加上黃豆調出的香油，要視使用量來選擇大小瓶，否則開瓶過久，產生耗味，缺了美味又壞了健康。

鹽 2

一般家庭料理多半使用精鹽，醃漬則用粗鹽、西式料理則多用顏色偏紅的岩鹽，因為不是精製鹽、口味不死鹹，料理用鹽使用的原則為，炒菜要等菜炒軟釋水才放鹽，煮湯要等湯好食用前才加鹽提味，才不會讓排骨、雞肉因鹽而產生硬化的現象。

另外，鹽罐要配上小迷你匙，才不會使用過量。另外特製的一些精製鹽，多半針對疾病而製，若無特別需求，一般人則不建議使用。

糖 3

常用的糖有小顆粒狀的一砂糖（白砂糖），土黃色帶有微香也是最適合家中料理用的二砂糖。人稱黑糖的紅糖、香氣足、甜味低、營養豐富；用於製作點心常用的細砂糖，多半用於需快速溶解時的醬料中；而最貴的則是粒狀的冰糖，口味清甜，添加燉滷紅燒料理中，有亮澤的作用。

醬油 4

好的醬油以純釀造為佳，一般有黃豆醬油、黑豆蔭油，可選擇喜好的品項，但不宜採買過大份量，大罐吃卡久，可

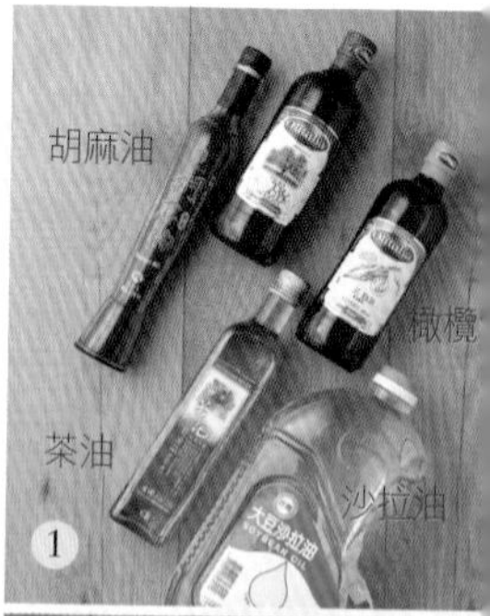

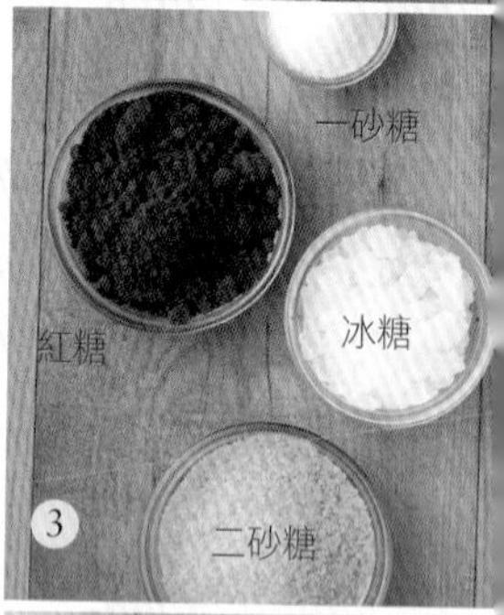

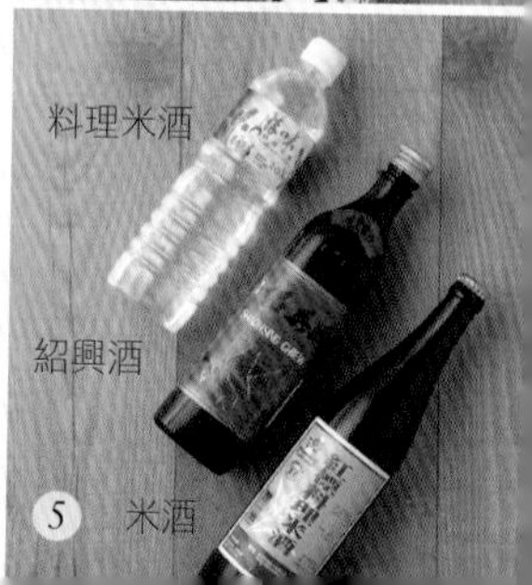

不是正確的廚房觀念。除了清醬油類，一般家中還會使用以醬油加上澱粉調製，口味略帶甜味的醬油膏；還有使用蠔汁調製如醬油膏狀的蠔油，是廣東料理中慣用的調味料，因為鮮味高，一般家庭料理也常使用。

料理酒 5

台灣家庭料理用的最多的就是米酒，有玻璃瓶、保特瓶；採買時要選合法酒商生產，有政府認證的優質酒類認證較安心。為了豐富料理風貌，也可備有紹興黃酒類，用於製作涼菜，或江浙風味的料理，另有風味。

味精 6

現代人不愛味精，但也不一定要完全避免，只要用法得當，用量不要多，味精入菜不久煮，就不會產生焦肤胺酸，味精對快速料理有提鮮的效果，一般家庭可以使用新型蔬果味精或雞汁、柴魚製料的風味調味料做調味之用。

胡椒 7

一般分為白胡椒粉、黑胡椒粒，都以小罐好用，一次採買用不完，可包出一部份，放在冷凍庫保存，香味不打折。

釀造調味料 8

一般家庭有稱為白醋的糯米醋，還有起鍋提香、加了蔬果汁的烏醋；另有新的調味料米霖（味霖）則是日本人的常用調味料，加入料理中有米釀造的甜香味，用於紅燒或日式料理皆佳！

加分調味料 9

許多特有的料理口味要借重不同的調味料，例如糖醋料理要用番茄醬，沙茶快炒、吃火鍋少不了沙茶醬；泰式料理用醬油就不對，要用魚露才對味；日式和風的沙拉，用美乃滋就不對，和風蔬果沙拉汁，不僅清爽，口味也豐富。

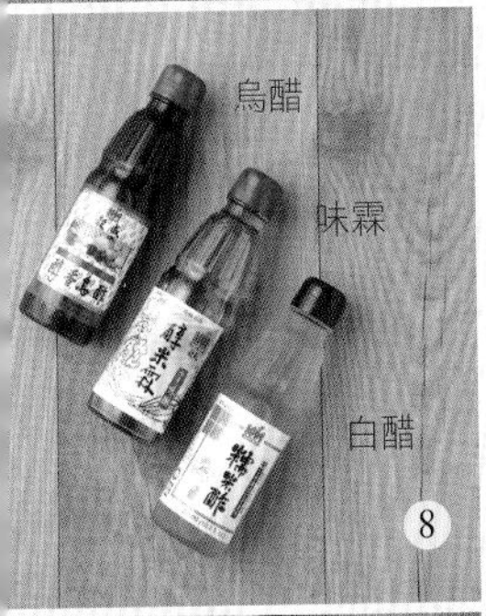

優質酒類認證

1

Lesson 5

麵粉、太白粉傻傻分不清楚？各種廚房粉類的質地和應用

粉粉看來看去分不清是很正常的，每一種都白白的，有什麼差異？最常見的廚房粉類有太白粉、地瓜粉、日本太白粉、玉米粉、麵粉和米粉。

麵粉 1

一般分為高、中、低筋三種，麵筋高低為蛋白質含量高低，也反應在麵粉的彈性，所以低筋麵粉多半用於餅乾、蛋糕，中筋麵粉最常見又稱萬能麵粉，除了家庭料理一般使用；包子、饅頭、餃子皮都用中筋麵粉，至於高筋麵粉，則在於較有Q性的拉麵或組織性高的麵包。麵粉的保存期限約為六個月，過了就容易長蟲、發酸，在家用回收有蓋罐桶盛裝遠離熱源及潮濕之地，視用量採買，才不會用到不新鮮的粉料，壞了料理。

常用澱粉 2

· **太白粉**——是最常見的澱粉、粉末細、多半用於調濃、勾芡。是進口木薯澱粉，在民國102年後，政府已規定正名，現在市面上稱為寶島太白粉。

· **日本太白粉**——可不是來自日本，日本太白粉是馬鈴薯提煉的澱粉，稠性高，結構很穩定、不易還水，因此很多生意攤使用，取代太白粉、品質佳，區別稱呼為日本太白粉。

· **地瓜粉**——粉末為顆粒狀，傳統上是國產的番薯磨製成澱粉，所以稱地瓜粉，口感乾炸爽脆，但產量少價格高，因此現在市面上的地瓜粉，也多半是由泰國進口的木薯澱粉，製成粗粉粒狀，民國102年政府也規定正名，所以現在購買的地瓜粉，已改回為木薯粉，顆粒的狀態可用於炸物的外衣，若用來勾芡，則和太白粉一樣，有容易化水的缺點。

· **玉米粉**——玉米提製的製粉，粉末極細滑，用於乾炸，粉衣質地均而不硬；用於勾芡，糊而不黏，口感細滑。冷藏可成凍狀，複熱就會還原。和麵粉勾芡有一樣的特質，西式料理的濃芡最常用到。

米粉 3

一般用於小吃製作，有黏Q的糯米粉，用於湯圓、甜年糕。另一種則是在來米粉、質地較爽，用於做水性高的米食，如碗粿、蘿蔔糕、粿條等。不加水用於炸物外沾粉，則炸好食物有酥脆不濕黏的特點。

巧婦難為無米之炊：從洗米煮飯開始

怎麼煮飯該從買什麼米開始，因為現代家庭不像傳統請米店送米，多半在超市賣場買包裝米，除了品牌、品種外，國產品可以挑選有CAS認證或生產，也應該視家庭人口數買米，一般1～2人買小包袋口袋米，3～4人買3公斤以內包裝，才能在最佳賞味期，趁鮮將米食畢，才不會好好米吃到長蟲。

在寶島台灣米為一年收成兩期，因此在每一年的暑假後買的米，在包裝袋上標註當年度一期米，就是水分較飽的當期新米，到歲末年終時，買到的米為前一年度的二期米，就是新米，在包裝袋上的標示的製造日期也要離採買日期越近，就表示這包米是越新碾製的。

回家後開封後，若是小包裝不佔位置，且不常開伙，可放冰箱冷藏保鮮，或是使用米桶盛裝，在米桶中放入幾段竹炭有吸濕調節的作用。

選米時要留意日期，新米為佳。

國產品要挑選有 CAS 認證。

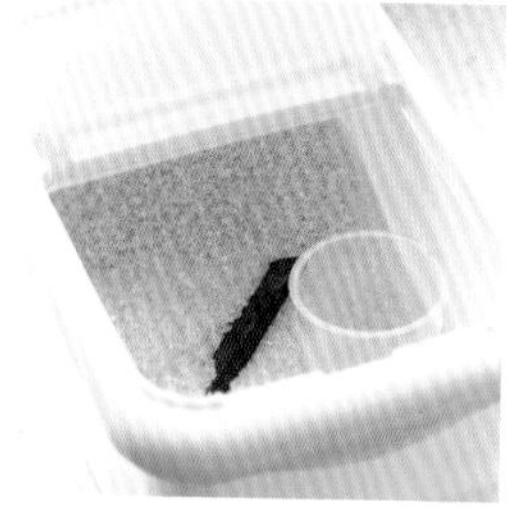
米桶中放入竹炭可吸濕調節。

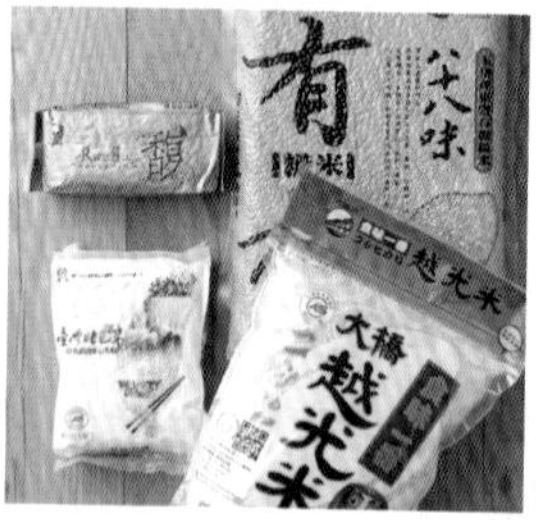

包裝米大小不同，可視家庭人口數買米。

如何煮一鍋好飯

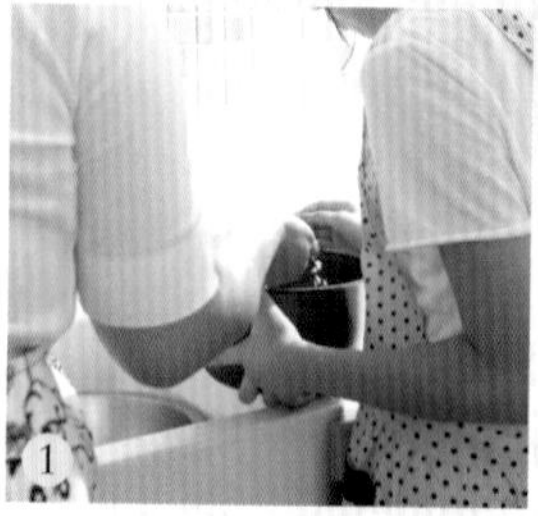

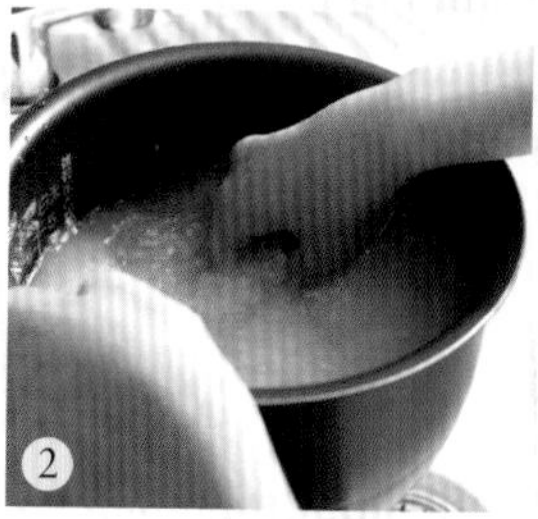

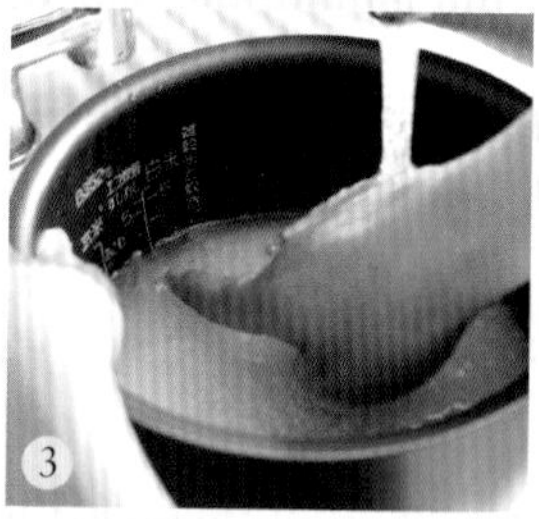

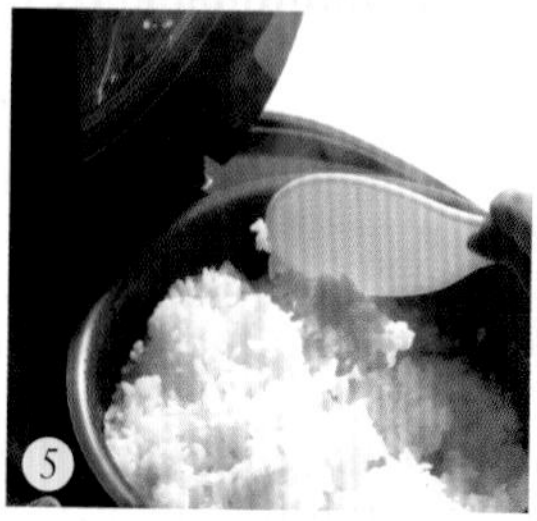

1 測量數量 1

量米當然要用量米杯，煮飯前先惦量一下有多少人吃飯，1杯米煮2碗飯，算好差不多的食量來煮飯，才不會天天吃回鍋飯。

2 如何洗米 2

以順時針方向，快速淘洗兩次，動作要輕且快。

3 水量掌控 3

新米水少，舊米水略多，糙米則需1杯米兌1.3杯水的份量。量好水，白米泡20分鐘，糙米泡2小時。

4 煮飯時間 4

米粒浸泡完就可以直接放入電鍋或電子鍋烹煮。電子鍋有各種選項可控制時間，若是用傳統電鍋，外鍋則需倒入1／2杯的水量。

5 鬆飯和蓋燜 5

飯要好吃，跳起後一定要以飯匙翻鬆米飯，再蓋燜5分鐘。多餘的水氣在拌動時蒸散掉，飯會更鬆散，燜飯則可以讓水氣回復，讓飯更美味。

6 吃不完的米飯冷卻後，要包好入冰箱冷藏。避免長時間保溫，使米飯的澱粉質在保溫狀態下，慢慢變質。

tips 放入前，鍋底記得底部要拭乾。

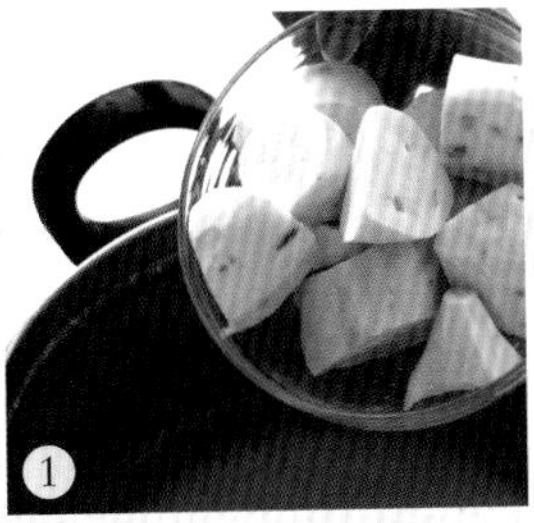
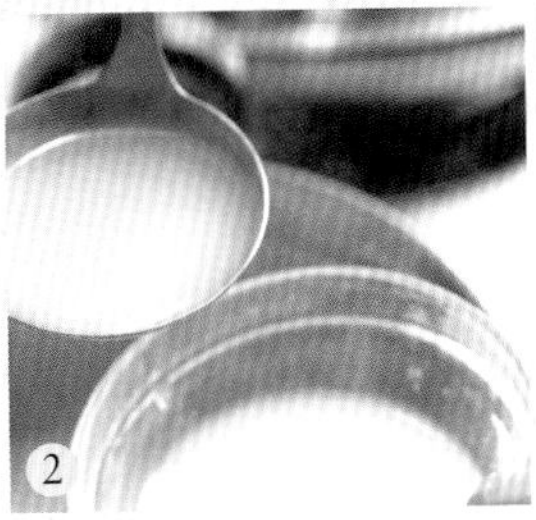
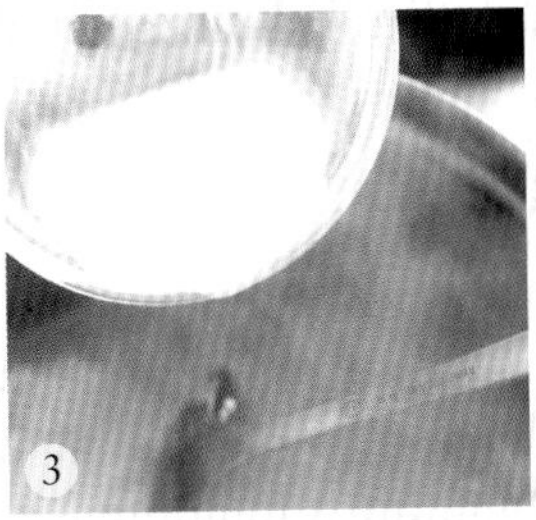

加分題：輕鬆煮出綿密不開花的

地瓜稀飯

材料

地瓜2條　白米1米杯　水6杯

太白粉水適量

做法

1 地瓜削皮切大塊，白米洗淨，加水一起入鍋。1

2 蓋鍋以中火煮至沸騰，改小文火煮15分鐘，即可盛出1飯碗米湯。2

3 其餘稀飯，以太白粉水勾芡，食用時，將盛出的米湯兌入即可。3

母女QA時間

女兒：煮稀飯為什麼要勾芡？

阿芳：芡汁有保護米粒的效果，讓煮好的米粒保有顆粒，防止稀飯續放爆成米花，變成一鍋糊爛爛的糜粥。

PART 1

從決定主菜開始，搞定今天的晚餐

水煮白肉

冷水煮沸，熄火燜熟，
保持軟嫩不乾澀

材料

帶皮五花肉1條　香菜段1小把　蒜末1大匙　水適量
紅辣椒末1小匙

調味料

米酒2大匙　鹽1小匙　香油1小匙　烏醋1大匙
醬油膏2大匙　糖2小匙

做法

1 五花肉洗淨，放在有蓋湯鍋內，添水至淹過肉條，蓋鍋開火煮至沸騰，改小火再煮2分鐘熄火，略燜20分鐘。①
2 取出肉條放在盤中，淋上米酒略翻。②
3 再以手撒上鹽巴③，略微吹涼回溫。
4 將蒜末、辣椒末加香油、烏醋、醬油膏、糖調成沾醬；肉條切片，搭配香菜段排盤，以沾醬沾食即可。

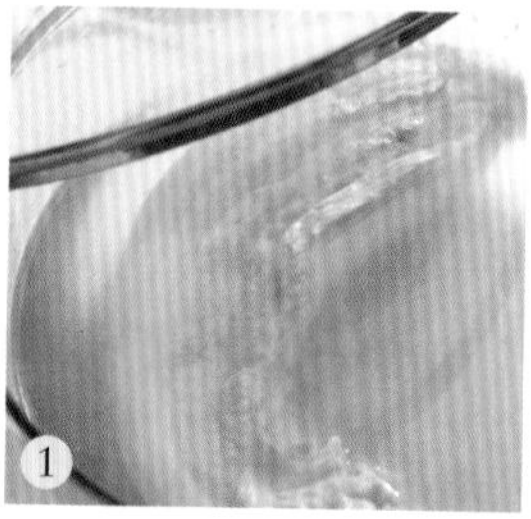

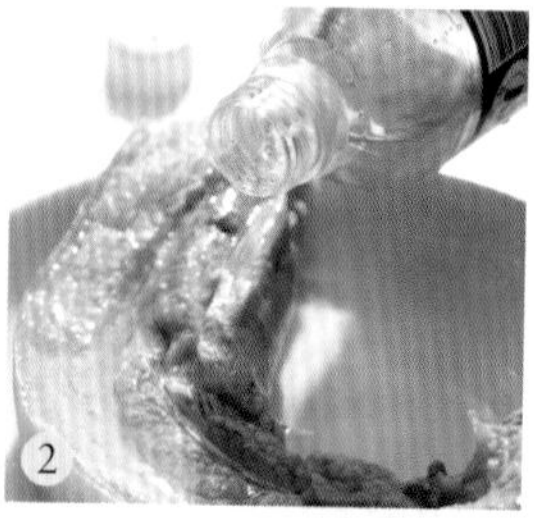

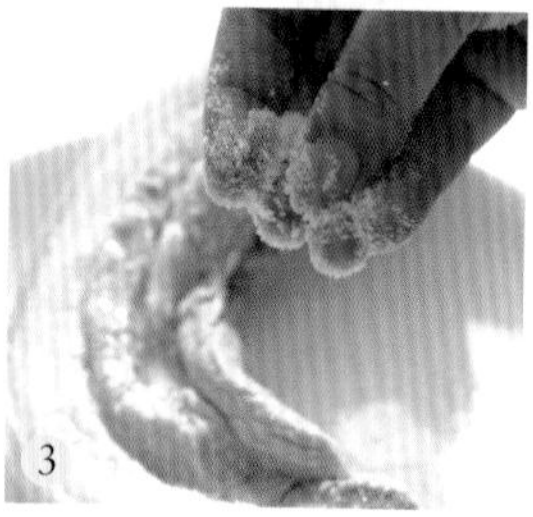

母女QA時間

女兒：為什麼我們家的水煮白肉這麼軟嫩？

阿芳：部位選對很重要，五花肉是最佳選擇，蛋白質最怕煮硬，所以要用冷水煮沸，拉長加熱時間，煮沸後兩分鐘，以用餘溫燜熟，因為蛋白質加熱達七十度就會凝結，用泡熟的方式，就能保有鮮嫩多汁，取出後趁熱淋上米酒，逼出酒香和甜味，只要少許鹽巴就能提出肉的鮮味。

女兒：煮完的白肉吃不完該怎麼辦？

阿芳：做成客家小炒吧！準備一塊煮熟五花肉和兩塊豆干先切片、半條魷魚泡軟切成段、另外將一根紅辣椒、兩根青蔥和三根芹菜都切成段。待鍋熱下兩大匙油爆煎豆干，再放入魷魚炒出香氣，加入肉片煎炒出豬油香。這時再加入兩大匙蒜末和辣椒炒香，再炒香芹菜、蔥段，最後淋入兩大匙醬油膏和米酒炒至熟透，就是下飯的客家小炒了。

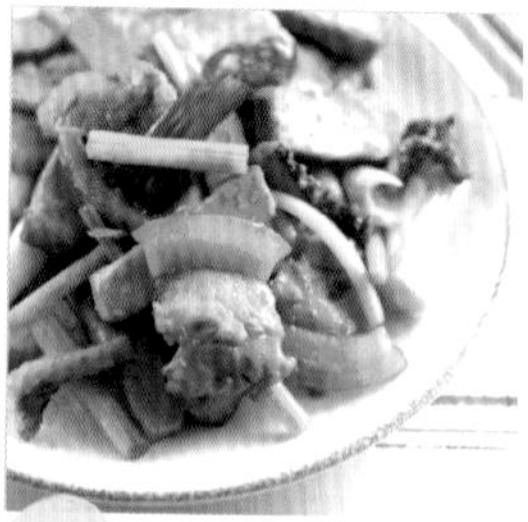

客家小炒

新媳婦的家庭作業

白斬雞是我第一年做新媳婦時最大的考驗，這隻雞也是淬煉我從新媳婦成為好媽媽的人生應用題，雖然出嫁時已經不是五穀不分、不諳廚事的廚房新鮮人了。反倒因為娘家開自助餐店的關係，常常進廚房幫忙，所以一般家常菜色都能應付得來。但是煮一整隻雞？那種驚慌可不只手足無措而已。

娘家沒有拜拜的習慣，白斬雞聽是聽過，但從來沒做過，看著一隻生雞和一鍋清水，該怎麼弄熟它，心裡完全是一片空白。手忙腳亂煮了半天，把全雞取了出來之後更是驚慌，怎麼切、從哪兒下刀，也是考倒人的大問題。好不容易把雞剁開，只見外熟內生血淋淋的狼藉，有多沮喪就別提了。當新媳婦有多難，從一隻全雞可見一斑，

第一次的經驗自然是慘烈無比，剁雞零零落落，自信心也大受打擊，不過人生好像是這樣的，努力不一定會成功，但不努力肯定沒有成果。這麼一年兩年的發了狠的鑽研加實驗，也慢慢的漸入佳境，經驗法則加科學精神，當媳婦這二十多年以來，我煮白斬雞的方式也一變再變，到現在有多重的雞、用多少水、煮幾分鐘，都有了最佳公式，這才發現原來白斬雞也可以這麼美味，只要會煮就很好吃。

當然現在過年過節需要拜拜，買隻現成白斬雞其實很方便，也不用非得自己煮。不過既然白斬雞做法不難，何不學起來呢？姑且當成是一份新嫁娘的嫁妝帶著出門吧！

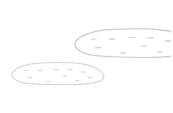

鮮嫩多汁的雞肉
是用泡熟的

白斬雞

材料

土雞腿2支　薑1段　紅辣椒1支　蒜仁2粒　九層塔1小把

調味料

米酒3大匙　鹽1小匙　醬油3大匙　白醋1大匙

做法

1 薑拍破，加入可淹過雞腿的水量入鍋一起煮至沸騰。熄火後，將洗淨的雞腿泡入，加蓋燜20分鐘。1

2 先取出雞腿，湯水重新沸騰再熄火，並將雞腿再泡入，蓋燜15分鐘。2

3 取出雞腿放在盤上，趁熱淋上米酒，再撒上鹽，放涼。3

4 蒜仁拍破，加上辣椒切圈，九層塔切碎，加入醬油、白醋成香辣醬油。雞腿剁塊排盤，淋上盤上的鹹雞湯，搭配香辣醬油沾食。

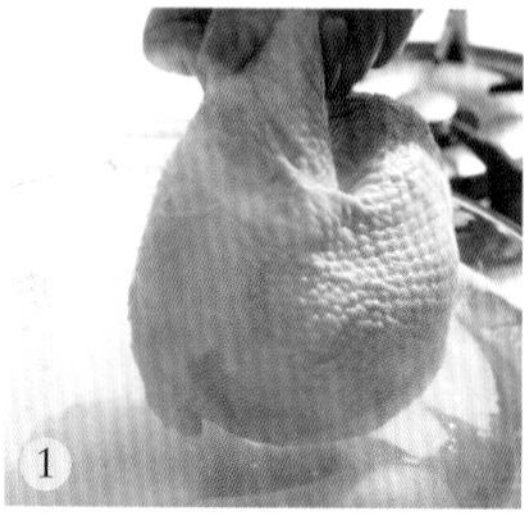
1

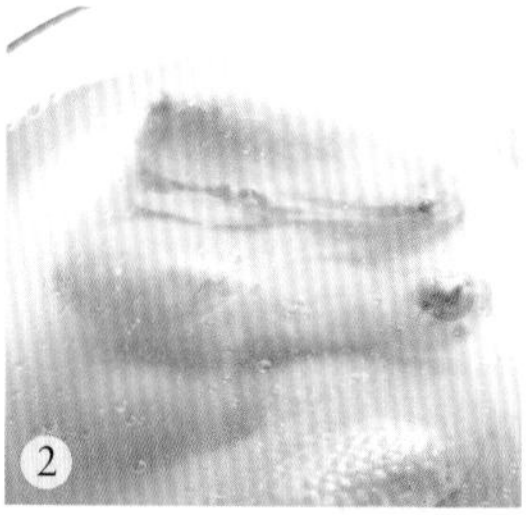
2

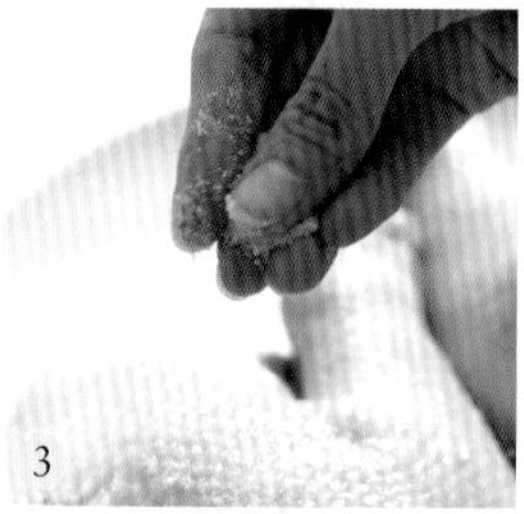
3

母女QA時間

女兒：為什麼為什麼白斬雞不是用煮熟的，是泡熟的？

阿芳：因為雞肉形體大又帶骨，要完全煮熟不煮老，就要拉長烹調的時間，就像前面所說，蛋白質加熱達七十度就會凝結，維持高溫，一樣可以泡得熟。如果是用火煮，等到熟透了，肉也老得不像話了。

女兒：那以後如果我要煮拜拜的全雞該怎麼辦？

阿芳：挑選品種、控制時間和選對器具就ＯＫ了。最適合做白斬雞的品種，莫過於土雞，它的肉質結實，不會像半土雞一樣肉質過硬。一般而言，最適合家庭烹調的重量在三斤左右，以兩斤半的土雞而言，兩段泡熟的時間是前段二十分鐘，後段二十五分鐘；每多半斤，後段就需多泡五到十分鐘，煮菜就是分分秒秒在拿捏，多試幾次就會了。而鍋具的選擇，鍋子一定要厚，深廣度夠，水量夠大，就能輕鬆泡出嫩雞肉。

下一頓這樣吃：
防腐保鮮，燻出新滋味

茶香燻雞

通常有白斬雞上桌時，那天的餐桌肯定是大魚大肉，所以剩菜的機率極高，讓菜色第二天都還保留美味，一定要學會「燻」，這種利用糖燃燒不完全產生的煙香，讓香氣掛在食物上面，燻魚、燻鵝、燻蛋、燻豆干都適用，下一餐吃的時候，燻過的氣味，會隨著冷藏之後，更為圓融成熟而美味加分。

材料　煮熟雞腿2支　二砂糖半杯　麵粉2大匙
茶葉1大匙　香油1大匙

調味料　鹽1／4小匙　白胡椒粉1小匙

做法

1 鐵鍋鋪上鋁箔紙，放上二砂糖，蓋上麵粉再撒茶葉。1

2 放上鐵架，即可排上雞腿蓋鍋。2

3 開火加熱至出煙，再以中火燻2分鐘熄火，略燜2分鐘後開蓋。3

4 取出雞腿抹上香油4，鹽和胡椒調成胡椒鹽，雞腿剁塊排盤，搭配椒鹽沾食。

1

2

3

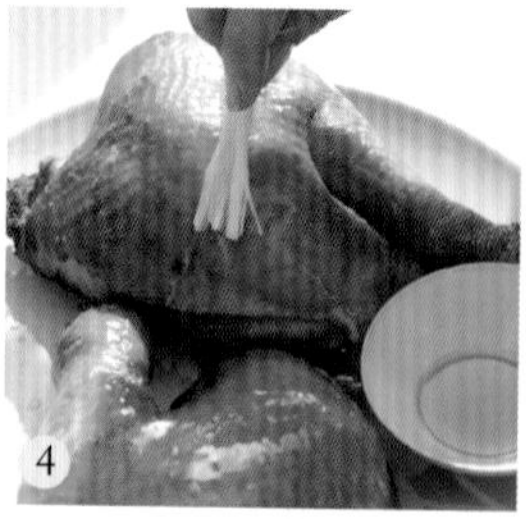
4

下一頓這樣吃：
冰冰涼涼吃，更好吃

紹興醉雞腿

不論燻雞、醉雞都是延長食物美味的方式，不過醉汁其實還擔負著救場的功能，有時候不小心把雞肉煮得太熟了，把雞肉再泡回醉汁裡，讓雞肉吸飽了水分，可以調整過於乾硬的肉質，吃起來就不會太澀口。

【醉汁公式=魚露1/4杯+紹興酒半杯+雞湯1杯】

材料

煮熟雞腿2根　枸杞子1大匙　當歸片1片　雞湯1杯

調味料

魚露4大匙　紹興酒半杯

做法

1 枸杞及當歸在保鮮盒中以熱開水沖燙，瀝去水分。

2 雞湯、魚露及紹興酒調成醉汁。

3 雞腿放入保鮮盒，並倒入醉汁 1 ，入冰箱冷藏浸泡半天，即可取出切塊，淋上湯汁即成。

tips 當歸和枸杞要先沖燙，瀝去水分。

傳家肉燥的誕生

中午煮著午餐，兒子和還是女友的媳婦進了家門，隨口問了中午吃什麼？

我說：「胖子麵，待會手洗一洗就可以吃飯了。」

媳婦聞了聞笑說：「好香喔！」

兒子順手舀了爐上小滾的肉燥，嘗了一口，我聽到聽兒子和媳婦說：「這個肉燥妳一定要學起來，這就是我們家的味道。」

胖子麵其實是鄰近市場販售的拉麵，一共有兩款，細的叫「瘦子麵」，粗的叫「胖子麵」，家裡人愛吃粗拉麵，所以怎麼買都是買「胖子麵」，也正好貼切我家的情境——胖媽媽煮胖子麵。我家固定的煮法是將拉麵煮好，燙點青菜，加一枚半熟的水波蛋，再淋上我家冰箱常備的肉燥，就是家裡什麼都沒有的時候，最快上菜的方便餐，有菜有肉有麵，總讓我覺得自己是個特別稱職的媽媽。

叫它「胖子麵」，不如說它是「媽媽麵」，看來不起眼，卻是孩子心中家的味道，而我家胖子麵上的肉燥大概就是所謂媽媽的味道了吧！

我的手沒停著切洗，卻想著：「原來我們也有了傳家的菜色了。」傳承該是一代傳一代的事，我們教給孩子的東西，在孩子長大離家，甚至擁有自己家庭時，變成了一種隱而不顯的基因，在行為、在食物，在那些細微末節的地方，可以看到上一代留給我們的記憶，也從中看到自己痕跡。

於是找了一天，我用了公式概念套用SOP的方法，把這道肉燥教給兒子、女兒和媳婦，希望他們即使不在我身邊，也能留住家裡的味道，兒子的這一句話，也讓肉燥成為我心目中的傳家菜。

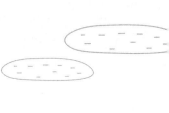

獨家濃香靠醬油煮沸

傳家肉燥

材料 絞肉1斤　油蔥酥1杯　油4大匙　水4杯

調味料 醬油1杯

做法

1 炒鍋熱鍋，放入油，加入絞肉炒至肉色翻白。1

2 沿鍋邊倒入醬油繼續翻炒。2

3 至醬油汁完全沸騰，即可加入油蔥酥 3，並倒入水蓋鍋煮滾，改小火煮20分鐘，即成肉燥

【肉燥公式＝絞肉1斤＋醬油1杯＋水4杯＋油蔥酥1杯】

1

2

3

母女QA時間

女兒：我們家的肉燥為什麼特別香？

阿芳：在煮肉燥的過程中，有一道醬油煮沸的程序，這時熱鍋中有絞肉炒出的豬油，和不加一滴水的醬油，煮滾時產生的香氣是肉燥完成後仍保有濃香的關鍵；水若太早放，香味則出不來，小小一步驟，肉燥香不香大有學問。

女兒：那煮這一大鍋肉燥，之後要怎麼處理？

阿芳：肉燥一次煮足一斤、湯汁濃、香氣足，用來拌飯、拌麵、淋拌青菜，甚至蒸個蛋，淋個肉燥都有媽媽味。燙青菜時將蒜末扣在盤底，用熱騰騰的菜一蓋上去，蒜末會隨著熱氣讓香氣更足，吃起來也不會這麼生辣，是快速加分的小祕訣。

煮好的肉燥放在冰箱冰存，用多少杓多少加熱，不過沒吃完冰冰箱，最好五六天拿出來重新煮沸一次，越煮越香，怕鹹度高，添少量水一起煮，口味就不會太鹹了。

tips 肉燥淋時蔬

下一頓這樣吃：快速飽足5分鐘上菜

胖子麵

材料

拉麵1球　肉燥3大匙　青菜1小把　雞蛋1顆　蔥花少許

調味料

鹽、白胡椒適量

做法

1 燒開一鍋水，青菜入水汆燙撈至碗中，拉麵入鍋煮至浮起，撈至碗中。

2 將煮麵稠水續煮改成中火，以湯杓在水中攪出漩渦。1

3 雞蛋打在碗中，蛋從漩渦倒入。2

4 改小火，煮至蛋包定型後撈起。3

5 在麵上加上少許鹽、白胡椒、蔥花和肉燥，舀少許湯水淋入麵碗中，將水波蛋蓋於麵上即成。

1

2

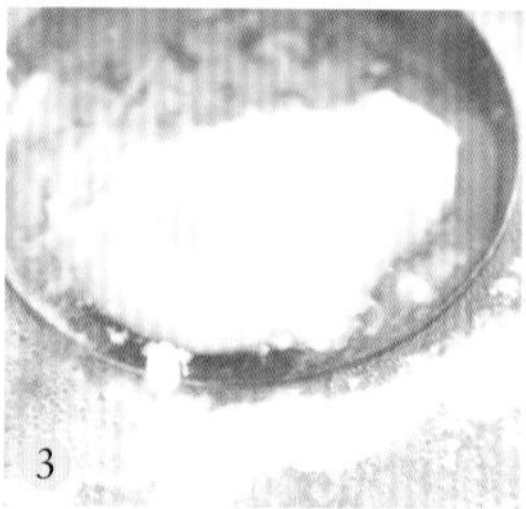
3

母女QA時間

女兒：看起來很厲害的水波蛋怎麼煮？

阿芳：這碗麵除了肉燥，最吸引人的就是那顆半熟的水波蛋了。用煮麵水煮水波蛋是最漂亮的，因為煮麵釋出澱粉會讓清水產生濃稠的質地，水的密度變高，對食材產生包覆的作用，所以煮出來的水波蛋特別漂亮。同理可證，用煮水餃的餃子水，也有同樣的效果。學會煮水波蛋，即使只會煮泡麵，加了一顆蛋也能讓食物的質感大大加分。

水波蛋這樣煮就對了。

下一頓這樣吃：煮一鍋變兩鍋

肉燥滷味

材料

肉燥約半鍋　水煮鴨蛋6～8個　香菜末少許

水約1杯　三角油豆腐、火鍋豆皮卷各適量

調味料

醬油半杯

做法

1 肉燥加入水煮鴨蛋，一起煮至沸騰，改小火多煮5分鐘，熄火燜泡一夜即為滷蛋。

2 肉燥滷蛋鍋重新加熱，加入水稀釋並以醬油調整鹹味。

3 油豆腐和豆皮卷以熱水沖泡燙去油分。1

4 油豆腐、豆皮卷放入肉燥鍋小火滷煮20分鐘，食用時盛盤，撒上香菜即可。

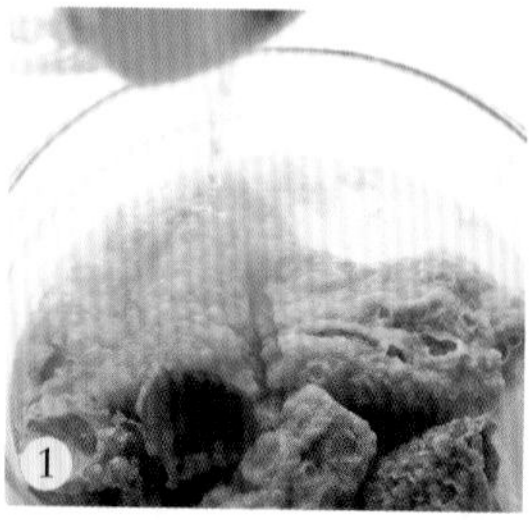

1

tips 個頭大的鴨蛋做滷蛋再好不過。

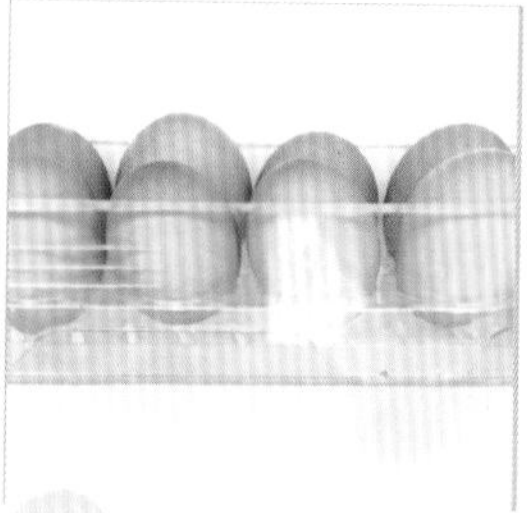

tips 蛋可以放三、四天再來滷。

母女QA時間

女兒：Q彈又入味的滷蛋到底該怎麼做？

阿芳：通常我會在肉燥剩下一半時，再煮成肉燥滷味，享受過肉燥最純粹的風味後再物盡其用，將剩下肉燥添些水，讓味道再淡口一些，隨意加入喜好的食材，讓肉燥聚合個別食材的風味，就是最輕鬆又簡單的滷汁湯底。而做滷蛋我喜歡用鴨蛋，一來鴨蛋的油脂比例和蛋白結構較雞蛋厚實，所以吃起來比雞蛋彈Q。而滷蛋要入味，傻滷是沒有用的，煮滾加熱是烹調安全的步驟，而入味得靠浸泡，讓滷汁可以吸入食材中，以後可別再傻傻猛耗瓦斯了。

女兒：水煮蛋很難剝，坑坑巴巴的好難看，該怎麼辦？

阿芳：首先蛋不要選太新鮮的，太新鮮的蛋，蛋膜和蛋殼間連得很緊，這樣一來水煮蛋就不容易脫膜，所以要煮水煮蛋或滷蛋，最好是選放過三、四天的蛋，比較容易脫膜。

無肉令人瘦

我們一家都是嗜肉一族，尤其是我先生，只要三天無肉就面有菜色，而抗議也反映在行為上——他會直接上市場買好五花肉或豬腳放在廚房，通常看到買好的肉，我便心領神會的滷上一鍋肉，趁著晚餐時分端上桌來，說是溝通，也是默契。

說起來滷肉、爌肉實在是家庭主婦的天賜良品，簡單、方便，滷一鍋就能吃好幾餐，在物資不豐裕的年代，油脂豐厚的爌肉，乃至於皮Q肉滑的豬腳是極為奢華的享受，大多只有在過年過節才吃得到。鹹香醇厚的滷汁淋上熱騰騰的米飯，加上混合豐腴與纖瘦的爌肉，對於彼時勞動量高的年代，不僅銷魂，也有實際的需求。

到了現在，大家怕胖、怕膽固醇高，肥肉吃得少了，然而我卻捨不得將這一味爌肉從菜單中刪除，捨不得刪掉丈夫看到爌肉舒緩的眼角，也捨不得孩子就著爌肉多裝白飯的笑臉，那些跟醬濃肉香緊緊相連的餐桌時光。

而我的爌肉也隨著時令有不同的做法，我會在冬日加入當季的蘿蔔，在夏天添入鮮甜的竹筍，因為爌肉豐富的油脂讓蔬食更為柔潤可口，也借由蔬果平衡一下營養。而滷法也從媽媽傳給我家常滷慢慢發展出了不同做法。

傳統的家常滷不加任何香料，只靠蔥的香氣，是我家代代相傳的家傳味。後來因為家裡的餐飲營生，一度雇了上海師傅，我也從師傅手中習得更精緻的香料滷，裡面有桂皮、八角，我通常會用來滷豬腳、蹄膀，還有一種特有的滷法，我稱「走油」，將蹄膀經過煎爆後逼出油脂再泡水，看來繁複，卻是我多年浸淫於廚房中不斷成長的心得手法。

醬油＋米酒＋青蔥，
找回最簡單的家傳味

家常爌肉

材　料　五花肉1條　青蔥3支　水2杯

調味料　醬油1/4杯　米酒半杯

做　法

1 五花肉切塊，青蔥切長段。將五花肉塊入炒鍋炒至肉色變白。1

2 此時再加入醬油及米酒。2

3 並炒至醬油汁完全沸騰。3

4 在肉面上放上蔥段 4，加水煮至沸騰，改小火燉煮40分鐘即成。未食用部份，以肉、湯分離的方式冷藏或冷凍保存。

1

2

3

4

母女QA時間

女兒：為什麼五花肉要炒過才滷？

阿芳：滷肉要好吃，下醬油時水分要愈少愈好，醬油要和豬油炒過融合味道才會香。有些人會先汆燙後再滷，可是這樣油脂和香氣都流失掉了，殊為可惜。不過炒五花肉時，千萬不要把五花肉炸到又乾又硬，只要肉塊變白就可以下醬油了。

女兒：為什麼在肉面上，而不是裡面放蔥段？

阿芳：蔥段蓬鬆富含水分，放在鍋中攪拌，滷了之後會變得糊爛，所以直接放在肉面上，透過蒸氣讓香氣回流滲透到肉裡面，蔥段不會又糊又爛，不影響風味口感，香氣也更足。

下一頓這樣吃：
鮮腴兼得的好滋味

肉湯燒鮮筍

爌肉一直重複加熱會愈來愈鹹，而肉泡在鹽水中，也會愈來愈硬，所以保存時要肉湯分離，肉湯也可以做其他的應用，如：肉湯燒鮮筍，便是其中一個美味又不浪費的做法。

材料

桂竹筍2支　爌肉湯汁1杯半　水1杯

做法

1 桂竹筍削去老皮，切條塊狀。
2 炒鍋熱2大匙油，放入筍塊炒2分鐘。
3 淋上爌肉湯汁及水，以中小火滷煮25分鐘即可。

筍子要炒過再滷。

母女QA時間

女兒：筍子不炒，直接滷可以嗎？

阿芳：滷煮筍子要滷透才不會刮嘴、咬嘴巴，但只靠水滷是不夠的，筍子需要油脂讓溫度提高，油脂也能去澀。多一道油脂翻炒的工序，是讓筍子清甜不刮嘴的關鍵。

下一頓這樣吃：
蔬果增添清香甘甜味

蘿蔔燉肉

每個人家中都有屬於自己家中的媽媽味燉肉，這鍋就是我家的味道，沒有太多配料，卻十分下飯。而吸飽了滷汁的蘿蔔常常比燉肉還搶手，也是讓家裡的「肉肚」們乖乖吃下蔬菜的祕訣。

材料
五花肉1條（約1斤）　水2杯
白蘿蔔1根　青蔥1小把

調味料
醬油半杯

做法
1 五花肉切塊，青蔥切長段，蘿蔔切輪切塊。
2 五花肉塊入炒鍋炒至肉色變白，加入醬油煮至沸騰，放上青蔥，排上蘿蔔塊。
3 再添水淹平肉塊，煮至沸騰，改小火再燉煮40分鐘，再以湯杓翻攪讓蘿蔔泡入醬汁中即成。

蘿蔔塊放上面。

母女QA時間

女兒：為什麼水只淹到肉塊，不用淹過蘿蔔？

阿芳：蘿蔔本身充滿了水分，放在上層，因為油脂會浮在上層。在滷肉的三、四十分鐘內，憑自身的水分產生熱蒸氣就足以將蘿蔔蒸透。如果再將水淹過蘿蔔，一鍋都是水，不論味道或形狀都會受到影響。

你也可以這樣做：
去油解膩的香料之味

紅燒豬腳

材料
豬腳約2斤　帶膜蒜仁5～6粒　桂皮1段
八角粒2粒

調味料
醬油半杯　醬油膏半杯

做法
1 豬腳加冷水煮至沸騰，撈出洗淨浮沫。1
2 豬腳放入鍋中，放上其餘材料及調味料，添水平淹豬腳。
3 開火滷煮至沸騰，改小火續煮一小時又二十分鐘即可。
4 未食用部份，以肉、湯分離的方式冷藏或冷凍保存。

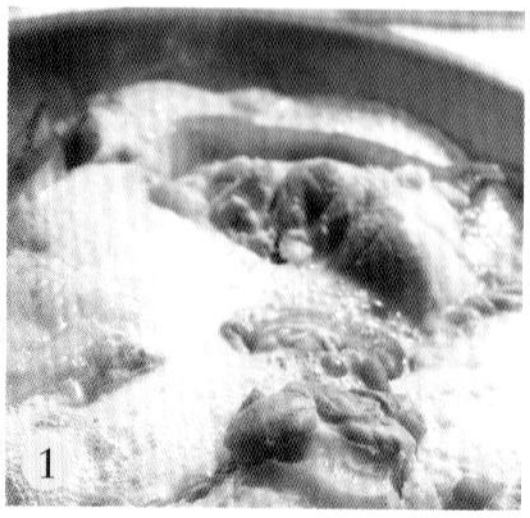
1

Tips 桂皮和八角能讓紅燒更美味。

母女QA時間

女兒：紅燒豬腳和爌肉不同的特殊香氣是來自於哪裡？
阿芳：我加了桂皮和八角，這是上海菜特有的香料，在滷煮時，添入這兩味是在燒煮豬腳和蹄膀時最合襯的風味，我一直覺得廚藝是歲月和年齡的累積，做著做著出現的變奏曲，合該是餐桌上意外的美妙風景。

女兒：老闆問我豬腳要買前腳還是後腳，到底要買哪一腳？
阿芳：如果要吃肉多的就買前腳，吃肉少的買後腳。一般人可能會想明明後腳比較胖，為什麼反而比較少肉？這是因為後腳的大塊肉已經剔出來做為蹄膀販售。所以記得要吃肉多的，要買前腳才對。

你也可以這樣做：
先煎後泡，不油不膩好多汁

走油烘肉

材料 蹄膀2個　蒜仁帶膜5～6粒　紅辣椒1段　桂皮1小段　八角2粒　水適量　菠菜1把　蒜末1小匙

調味料 醬油半杯　鹽1/2小匙　醬油膏半杯

做法

1 蹄膀視需求可切塊不切塊，先不洗水，炒鍋熱鍋倒3大匙油，皮面向下排入鍋中蓋鍋煎。聽到豬皮爆油聲變小，熄火再開蓋略翻面，再開火煎至全部上色熄火。1

2 夾出肉塊投入冷水中，浸泡1小時洗淨。2

3 全部肉塊排入快鍋，加入蒜仁、辣椒、桂皮、八角和調味料，再加入水平淹肉塊。3

4 加蓋煮至沸騰聲響，改小火煮15分鐘熄火，待快鍋降溫泄壓，開鍋再浸泡1小時入味。

5 菠菜連根洗淨切段，根部切半。4 熱鍋和蒜末一同炒勻至熟，盛於盤底。重新加熱盛盤。

6 蹄膀未食用部份，以肉、湯分離的方式冷藏或冷凍保存。

1

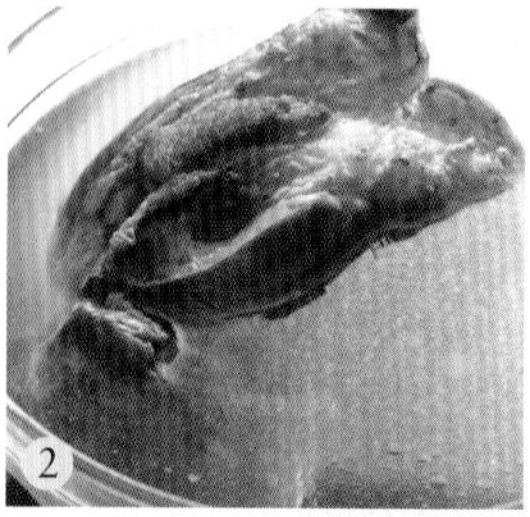
2

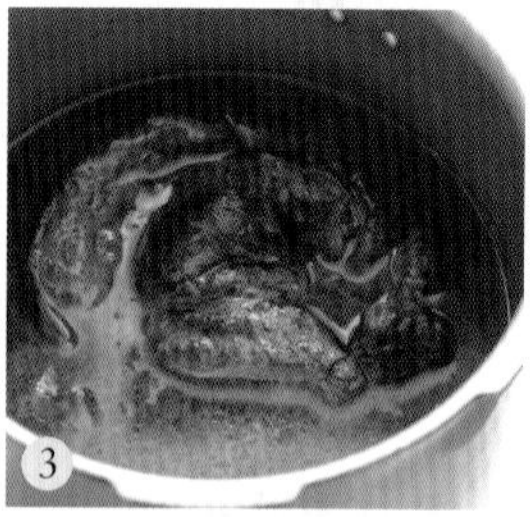
3

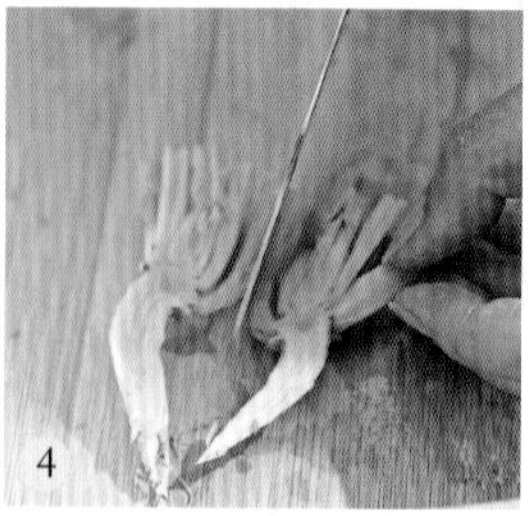
4

母女QA時間

女兒：走油、走油，指的是什麼？

阿芳：走油是將蹄膀經過煎爆後逼出油脂後，浸泡冷水，讓皮層組織皺化，蹄膀釋放出油脂後，滷煮後吸飽滷汁，滷好後皮層柔軟又能保留外型不變，就像電視廣告中會微微晃動的誘人姿態。在精緻的台式辦桌中，豬皮、魚肚也可看到類似的手法。

女兒：蹄膀一塊買來這麼大塊，到底要怎麼處理才對？

阿芳：在外面吃桌菜的時候，蹄膀通常會一整塊直接上桌，可是一般家庭的不論烹煮或上菜，整塊一起處理的負擔都太大。經過多次實驗，我發現用賓士切（一分為三）最好，不僅乾煎時需用的油量少，滷煮也不會散，不妨可以試試看。

買豬肉，你要買那個部位？

一般豬肉在傳統市場，現代超市多半已切成不同部位販售，所以先認識每個部位的肉質、口感和適合料理方式，相信在料理時就可事半功倍。

五花肉、梅花肉

兩者都帶有花字，想必這兩塊肉絕對不是全瘦，帶有油花。

五花肉是腹肉，一層肥一層瘦，整大片切成條狀販售，常聽的形容詞為肥瘦相間，可以切塊滷肉，可以整條水煮。

梅花肉則是肥瘦以網花狀的結構分佈，每一個瘦肉的纖維不會太長，所以富有彈性不硬柴、切片快炒，不喜歡太油的滷肉也可選用梅花肉。

大里肌、小里肌

大里肌是豬背上的脊肉，整大長條帶背骨，切成一片片就是我們在便當中常見的大排骨，也可以買去骨的大里肌，是豬肉中最平整的一片瘦肉區，相對料理時要經過斷邊筋拍鬆，否則就容易硬口。

小里肌則是豬肉中組織最軟嫩的部位，料理時不要切的太薄，會少了組織口感。拿來切厚片，做豬排可以保有厚實與軟嫩兼具的口感。

松阪肉

這可不是松阪豬，而是在豬頸兩頰的肥肉層中取出的一片油花網狀分

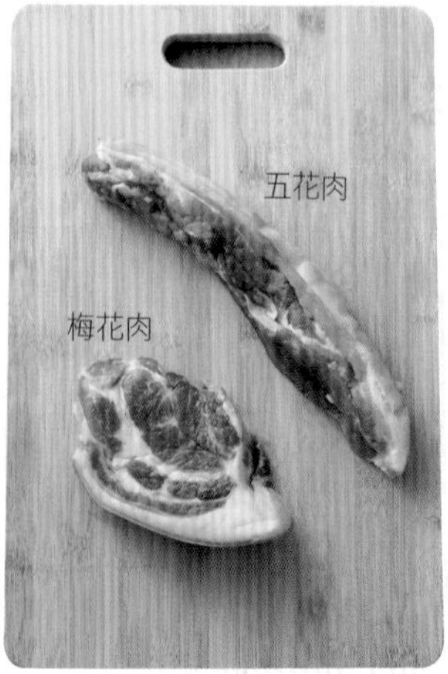

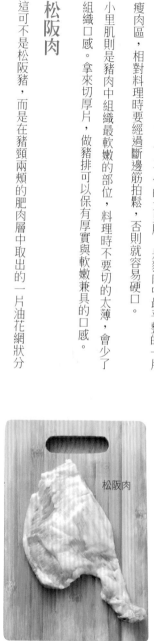

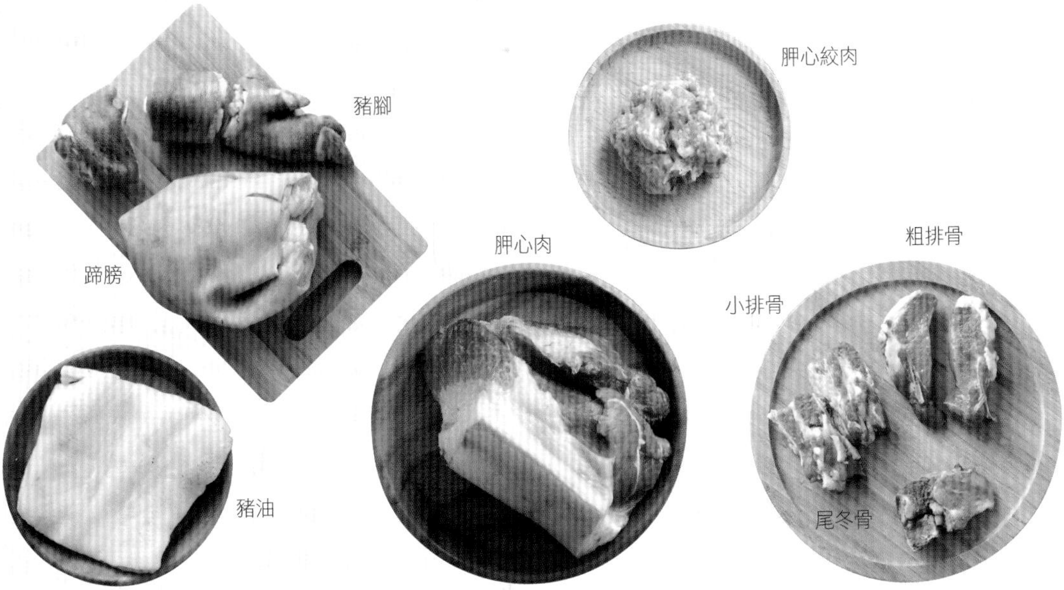

佈的瘦肉，因為油花分佈像極了日本知名的松阪牛肉，所以得到松阪肉之名，帶有脆度、嫩度，入口多汁不膩，因此價格也高，多半用於高檔的燒烤料理。

排骨

一般家庭常用的有硬骨和瘦肉相連的粗排骨，也有帶有白色軟骨、肥瘦相間的小排骨，還有含有豐富骨髓的尾冬骨，豬大骨、頭骨、扇胛骨一般家庭用得少，多為營業熬大量湯水時使用。一次買回來，可以先汆燙後再分裝冷凍，減少重複處理的麻煩

胛心肉

整豬截切後，剩下來的皮油瘦三合一的部位，分自肩胛部位的下半部胸、前腿的位置。可以用來去皮絞成絞肉，切成肉絲，才不會太硬，切成肉片就要切得薄小，快炒即可，否則太老就不好吃了。

豬腳、蹄膀、豬油

滷豬腳要多肉，要買前腳，要更多肉，就買後腿上段取下的肥圓蹄膀，一定要經過汆燙或泡水去味的程序，才能滷出好味道。

豬油是一種很棒的食材，從前人會直接丟到鍋裡，把豬油炸出做為食用油燒菜，而剩下的豬油渣，也有人會直接拌飯淋醬油吃。因為豬油渣的香氣獨特，用不完可以裝入保鮮盒中冷凍，切成末撒在豬血湯上是最正宗的做法，或是加一點在白菜滷中，都有提香的效果。

咖哩塊放上層，
輕鬆煮、不燒焦

咖哩牛腩

材料

洋蔥1個　牛腩條1斤　馬鈴薯3個　紅蘿蔔2根
咖哩塊6塊　水7杯　八角2粒

調味料

醬油2大匙　鹽適量

做法

1 洋蔥切大丁，紅蘿蔔，馬鈴薯切滾刀塊，牛腩切大塊，以沸水汆燙去血水，撈出洗淨。

2 在鍋中倒油，以冷油爆香洋蔥至透明，放入牛腩略炒，加入醬油炒香即先熄火。

3 在肉面上放上馬鈴薯、紅蘿蔔，將水加入，並在上方放上咖哩塊，即可蓋鍋煮沸不再翻動，改小火燉煮40分鐘。

4 起鍋前將整鍋攪勻即成，試味後以鹽調味。（也可以使用快鍋，同樣方法入鍋烹調，在快鍋烹煮至沸騰發出聲響，改小火燉煮10分鐘即成）

母女QA時間

女兒：最愛吃媽媽牌咖哩牛腩，我們家好吃的祕方是什麼？

阿芳：咖哩塊的發明讓在家煮咖哩變成是很方便的事，不過要賦予咖哩獨特的個性，我在洋蔥炒軟，放入牛腩後，會淋一點醬油，炒出醬油的香氣，再補上一、兩顆八角，讓日式風格的甜咖哩加入一點中式風格，是我們特別喜愛的中華咖哩。

女兒：冷藏的咖哩要怎麼加熱，才不會一下就煮焦了？

阿芳：可以用電鍋加熱，也可以直接一個盤子一半放冷飯，一半放冷咖哩，微波時就不會太乾或燒焦了。

咖哩塊放上面，不要攪動。

一點絞肉，
不同食材的百種變化

醬瓜蒸肉餅

炊鹹肉是婆婆的拿手菜，婆婆用的是自家醃的蔭冬瓜，其實就是蔭冬瓜蒸肉餅，嚴格說來蒸肉餅好像是各省分都有的菜色，從最簡單的梅干菜蒸肉餅，打上鹹蛋黃的蛋黃鹹魚蒸肉餅，還有我印象最深刻的——婆婆的蔭冬瓜蒸肉餅，我還記得蔭冬瓜的味道，特別鹹卻也特別下飯。

省事的蒸肉餅如果擠成丸子，小一點的汆入滾水，加點青菜冬粉是肉丸粉絲湯，大一點炸過再煮，就是名菜獅子頭，而一只電鍋也可以同時蒸肉餅、煮飯，是節能減碳的聰明做法。一點絞肉說來不值錢，卻蘊含著豐儉由人，可豪華可簡樸的主婦廚房小智慧。

材料 絞肉6兩　醬瓜半瓶　水半杯

調味料 白胡椒粉1/4小匙　香油1大匙

做法

1 絞肉和調味料先順同一方向攪出黏性。1

2 醬瓜以刀切碎塊，連瓜汁加入拌勻。2

3 再分兩次將水加入攪打成稀軟肉泥。3 倒在碗中，移入電鍋，外鍋加1杯水，蒸熟即可。

母女QA時間

女兒：絞肉可以做醬瓜蒸肉餅，還有其他的變化嗎？

阿芳：最簡單的打顆蛋黃下去，做成蛋黃蒸肉餅，把醬瓜換成阿嬤的蔭冬瓜，就是蔭冬瓜蒸肉餅，還有一個比較特別的是芋頭蒸肉餅。那是在一次錄影後的收穫，剛好就剩一點芋頭和絞肉，我就做成了芋頭蒸肉餅，結果芋頭貢獻了濃郁的香氣，也吸收了甘美的肉汁，讓美味度大大提高，非常值得一試。

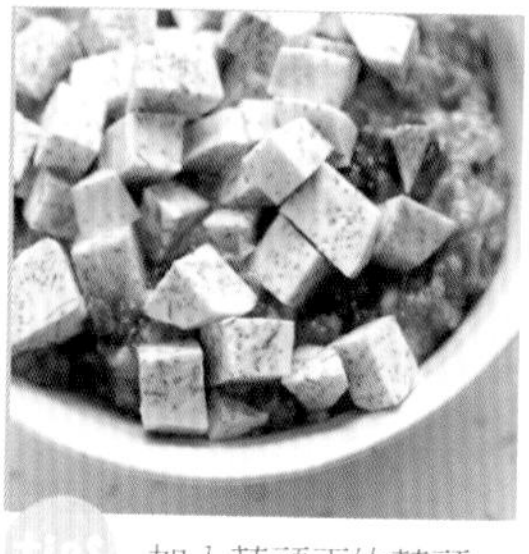

tips 加入芋頭丁的芋頭蒸肉餅。

tips 加入雞蛋的蛋黃蒸肉餅。

不用烤箱，
搖出香脆口感

無油烤香腸

材料

香腸1盒（約6條） 水1杯 蒜仁適量

做法

1 將香腸排入平底鍋中，加入約1杯水。1

2 開火，先將香腸先煮熟。2

3 煮至水量剩1／4時，香腸釋放出的糖分開始焦化，此時晃動鍋面 3 ，讓香腸表面均勻上色，至全部香腸完全上色呈焦脆狀即可。

母女QA時間

女兒：不用烤箱也可以烤香腸？

阿芳：因為香腸本身富含油脂和糖分，經過加熱會釋放到水中，藉由晃動讓香腸均勻受熱，即使不用半滴油也可以有很好的效果。

我們一家都是牛排控

那天要上節目，列了幾樣菜單，一面檢查菜色，一面清點冰箱，打開冷凍庫，冷不防的一整排的牛排映入眼簾，不禁失笑。這可不是什麼高級私人肉鋪，不過是我家的冰箱一角，若用新世代的形容詞應該這麼說：「我家有群牛排控」。

小朋友多多少少都曾迷戀過速食、牛排……這些帶有濃濃異國風情的食物，為了安撫孩子的胃，我家自有一套和餐館邏輯一致的牛排套餐，從沙拉、湯到主餐，一樣不少，多年來在家中一直有著不可動搖的地位。然而隨著孩子的年齡漸長，慢慢的對多數牛排館中過多的油和過多的調味料感到興趣缺缺，願意上牛排館的次數減少了，但對牛排的熱愛卻不曾消退，於是慢慢演變成了家中冷凍庫有滿滿牛排，其實有了好的牛肉，何愁吃不到好牛排。

現在牛排吃得講究了，沙朗牛排、菲力牛排、板腱牛排、牛小排這些名詞連小孩都可以一一細數，其實菲力對照豬肉的部位，就是所謂的小里肌，肉質細緻、少油花，但價格也較昂貴；板腱則是小里肌往上靠肩膀的長條部分，質感比較類似菲力；而牛小排則是腹脇肉帶骨的部位，油脂相對多，也比較有口感。常見的沙朗就是所謂大里肌肉的部分，油花多帶筋，只要斷筋，風味一樣好，是經濟又實惠的部位，這些端看荷包和喜好選擇。

愛吃牛排的兒子煎牛排也煎出了心得，講起鍋具和時間來頭頭是道。為了方便起見，我會把牛排先以單片包裝，想吃隨時煎，誰都能快速上桌，只要學會了其中要訣，日日在家就是歡樂牛排館。

塔香牛排佐田園蔬菜

材料　牛排（約2公分厚）2片　馬鈴薯2個
綠秋葵3支　紅蘿蔔1段　奶油1大匙

醬料　九層塔1小把　橄欖油2大匙　檸檬半個
鹽適量

調味料　岩鹽、黑胡椒粒適量

做法

1 九層塔切碎，加入橄欖油、鹽、檸檬汁調成醬汁。1

2 牛排以刀尖將筋膜切斷 2，在肉的一面抹上黑胡椒粒。

3 馬鈴薯對切，以牙籤刺洞，紅蘿蔔切大塊，一同放入鍋中加半杯水，加蓋開火煮至沸騰，改小火再多煮5分鐘，在2分鐘時放入綠秋葵，熄火後拌入少許鹽及奶油。3

4 平底鍋加熱，加少許油，牛排沒有胡椒的那面先下鍋大火煎1分半。4

5 翻面再煎1分鐘，取出放於盤上，以鋁箔紙或烘焙紙稍加覆蓋。5

6 掀開鋁箔紙，取出蔬菜配盤，淋上醬汁即成。6

母女QA時間

女兒：牛排為什麼煎好了不能馬上吃？

阿芳：剛煎好的牛排因為熱脹原理，壓力會把肉汁都頂出來，一刀切下去，血水會跑出來。所以要先將牛排取出，用鋁箔紙稍加覆蓋靜置，待內外溫度一致，壓力隨溫度下降釋放，就能鎖住肉汁，不會一切開就是血淋淋的場景。

女兒：牛排沒有胡椒的那面先下鍋？

阿芳：這樣才不會太焦，我們一般買到的牛排約厚度都在2～2.5公分，火要夠大，完全鎖住肉汁後，才能翻面，如果有胡椒的那面先煎，很快就會焦了。

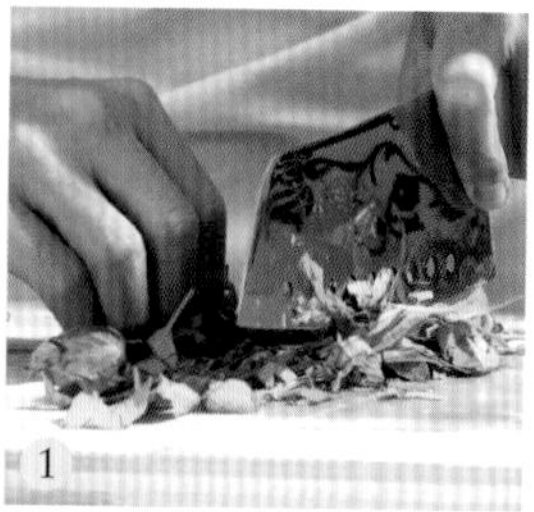
1

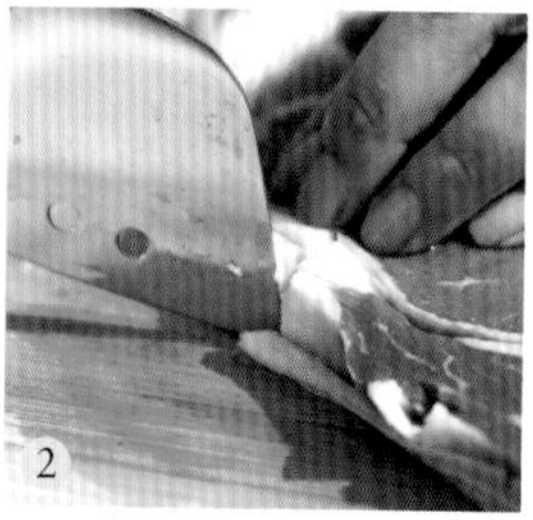
2

3

4

5

6

板腱牛排
菲力牛排
牛腩
帶骨牛小排
肋眼沙朗牛排
去骨牛小排
牛骨

愛吃牛，怎麼選怎麼用？

板腱牛排 (Chuck)

這塊是牛肩膀上的肉，也稱為板腱，整塊有油花，中間有一條明顯的筋，像樹狀分佈，市售的牛肉乾也常用這塊肉。也有人稱為嫩肩牛排。

菲力牛排 (Fillet)

以豬肉的相對位置而言，所謂的菲力就是牛的腰內肉，就是一頭牛最細嫩的地方，脂肪含量少，也是牛排中單價最高的部位，建議保持三到五分熟，才不會浪費了菲力本身細緻的質地。

沙朗牛排 (Sirloin)

若以豬肉的相對位置而言，也就是所謂大里肌肉的部分，脂肪含量適中，口感較紮實，通常會有一條邊筋，也多用於牛排，煎製時可先斷筋，吃起來口感比較好。

牛小排 (Short Rib)

大家都喜歡的牛小排統一由六、七、八的肋骨部分取出，肉質結實，油脂含量較高，且分佈平均；市售牛排有先行去骨的無骨牛小排和帶骨牛小排，可以依需求購買。

牛腩 (Rib finger)

肋骨和肋骨間切下的肉，稱為牛肋條，就是俗稱的牛腩，兩面帶筋，中間帶有好吃的瘦肉，常被用做清燉牛肉、咖哩牛肉等料理，肉質纖維較韌，也適合長時間燉煮。

牛骨 (Beef bone)

牛骨是煮高湯的好朋友，買牛肉時可以一起選購，一般牛骨氽燙後即可使用，大塊牛骨，因為油脂多、腥味重需要烤過之後再使用，家庭使用選擇扁平的小牛骨即可。

牛排的煎製要訣

鍋子一定要空鍋熱透，煎牛排不用放油。待加熱至血水被頂出，就可以翻面，再煎一分半左右，可以切一小塊確認熟度，這是最簡單的煎製方式。

煎牛排不用放油。

雞排要金黃香脆，
雞皮得先朝下煎香

香煎起司香草雞

香煎雞腿排是年輕人在餐廳愛點的菜，其實現在許多大賣場都有販售已經處理好的去骨雞腿排，料理起來也很方便。其實日子會過，不一定要花大錢才能享受大餐，把這招學起來，在家吃也能吃到和餐廳一樣的風味。

材料

去骨大雞腿2支　起司片2片　迷迭香或奧勒岡2根

調味料

鹽1/4小匙　黑胡椒粒少許

做法

1 雞腿1支切成兩半，在內面劃刀。1

2 以鹽、黑胡椒粒及搓出香氣的迷迭香抹勻。2

3 雞腿皮面向下，排入平底鍋。3

4 開火煎至皮面出油呈金黃香酥狀，即可翻面煎內面。4

5 將起司片切塊貼於皮面，遇熱呈半融狀即可盛盤。5

母女QA時間

女兒：皮煎得又香又脆的雞腿排有什麼訣竅？

阿芳：煎雞腿排一定要先皮面向下煎，等聞到雞皮煎出微微的焦香味，完全成型時再翻面，這時雞皮呈現香酥類似餅乾的質地。千萬不要不停的翻面，因為尚未煎至香酥的雞皮遇到冷空氣會出現水分，雞皮就怎麼煎也煎不酥了。

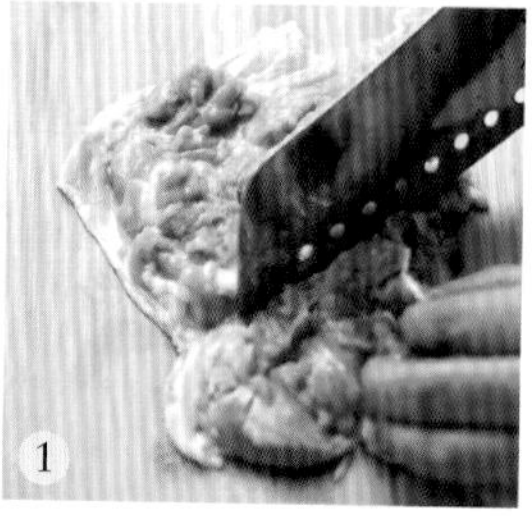
1

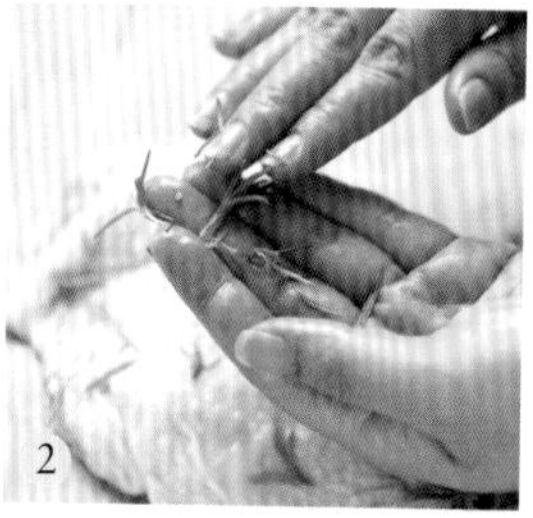
2

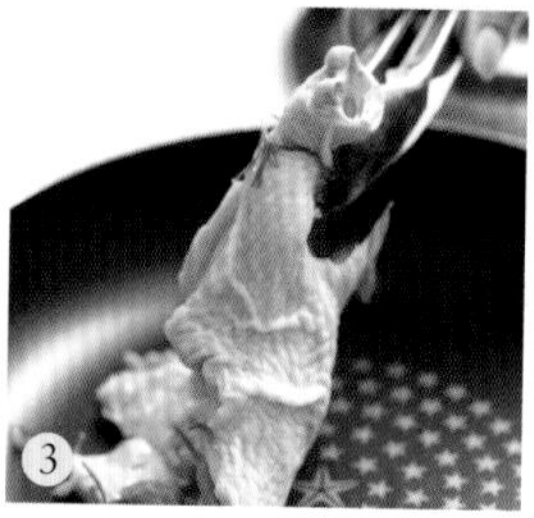
3

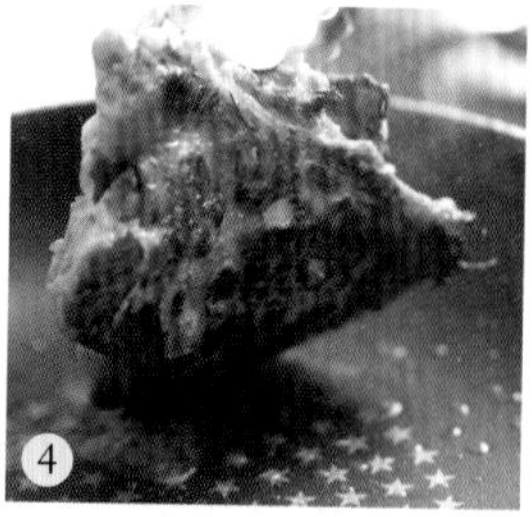
4

5

你也可以這樣做：
辛香加味，吃出酸辣好開胃

泰式椒麻雞

乍聽椒麻雞，大概都會直接聯想到泰國菜，不過這道菜正確來說是泰北來的川滇料理，因為泰北一帶有許多從四川、雲南一路遷徙而來的僑民，因而產生了混合川滇風味的菜色，我們家到曼谷旅遊時，孩子曾經問過我為什麼沒有椒麻雞，事實上椒麻雞不算泰國菜，就像月亮蝦餅其實是從台灣紅回泰國一樣，只能說是美麗的誤會。

材料

去骨大雞腿2支　高麗菜1塊　檸檬汁1個
蒜末1大匙　辣椒末少許　香菜末1小把

調味料

魚露2大匙　糖1小匙　花椒粉1/4小匙

做法

1 高麗菜刨成細絲放入保鮮盒。1

2 加入冷開水於盒中 2，搖動幾下瀝出水分，即可放入冰箱冷藏備用。3

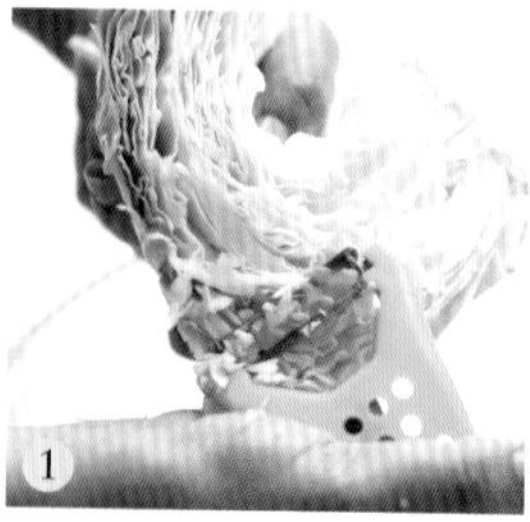
1

2

3

3 高麗菜絲排在盤底，蒜末、辣椒末、香菜末和調味料、檸檬汁調成醬汁。

4 雞腿皮面向下排入平底鍋，開火煎至皮面出油呈金黃香酥，再翻面煎約2分鐘即全熟，取出切成小塊，排在高麗菜絲上，淋上醬汁即成。

母女QA時間

女兒：高麗菜絲為什麼要用1杯冷開水搖過？

阿芳：高麗菜切成細絲，給杯水，快速吸點水，第一減低菜的生味，也能提高菜絲脆口的程度；如果泡太大量的水，蔬菜的營養會大量流失到水中，所以用保鮮盒來搖菜，料理過程用冰箱保鮮一次搞定。

tips 去除菜生味，放入保鮮盒搖一搖就搞定。

豬肉順紋切，
保持口感不乾澀

蔥爆肉絲

材料 豬肉絲1份（約200克） 青蔥4根 蒜仁3粒
薑1段 紅辣椒1根

醃料 醬油1大匙 香油1大匙 太白粉2小匙

調味料 醬油膏2大匙 米酒2大匙 香油1小匙

做法

1 肉絲加入醃料中的醬油、香油拌勻，再加入太白粉拌勻。

2 青蔥切段，蒜仁拍粗末，薑切絲，辣椒斜切片。2

3 炒鍋加熱，放入2大匙油熱鍋，放入肉絲，快火炒散至八分熟即可盛出。3

4 原鍋下薑、蒜、辣椒及蔥白炒香。4

5 加入炒過的肉絲及調味料。5

6 最後加入蔥綠，炒至蔥綠變嫩綠色，即可熄火盛盤。6

1

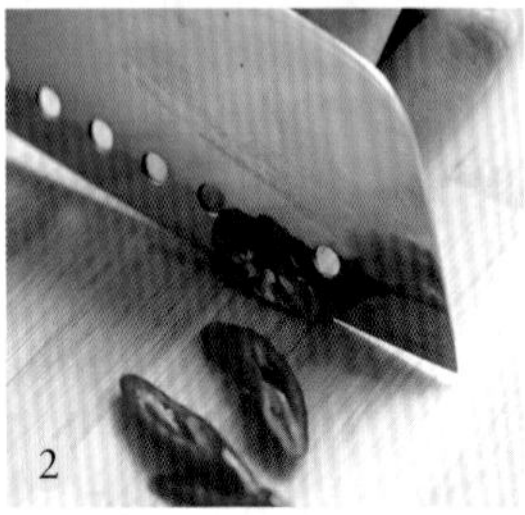
2

3

4

5

6

母女QA時間

女兒：如何掌握火力十足的熱炒100？

阿芳：每次從電視臺下班，經過附近快炒100的店面，裡面總充斥著大量的年輕人，菜炒得熱火朝天，氣氛也是熱鬧滾滾、而裡面的菜色有同樣的特點：做法簡單→上菜快、口味重→好下飯配酒，而所謂的快炒菜單實際歸納起來大概就是○○炒╳╳的公式。不外乎「蔥爆」、「沙茶」、「宮保」炒上「牛肉」、「羊肉」、「豬肉」、「雞丁」……，而做法順一下流程，可以變成：1醃肉備料→2炒肉成型盛出→3爆香辛香料→4肉回鍋加入醬料炒勻。得心應手之後，就會發現在家做快炒100一點都不難。

沙茶牛肉

牛肉逆紋切，斷筋好咀嚼

材料　本土牛肉1塊（約200克）　蒜仁1大匙　薑絲1小撮　紅辣椒圈少許　空心菜1把　太白粉水適量

醃料　醬油1大匙　香油1大匙　太白粉2小匙

調味料　醬油膏2大匙　沙茶醬2大匙　米酒2大匙

做法

1 牛肉逆紋切片 1，以醃料的醬油、香油先拌肉，再加入太白粉拌勻。

2 辛香料切好，空心菜切段。2

3 炒鍋熱鍋放油，放入肉片炒散盛起。

4 原鍋補點油，加入蒜仁、薑絲、辣椒爆香，加入空心菜梗翻炒，加入米酒炒熟。

5 再將沙茶醬、醬油膏和肉絲炒勻，加入空心菜葉，最後淋入太白粉水炒勻即成。

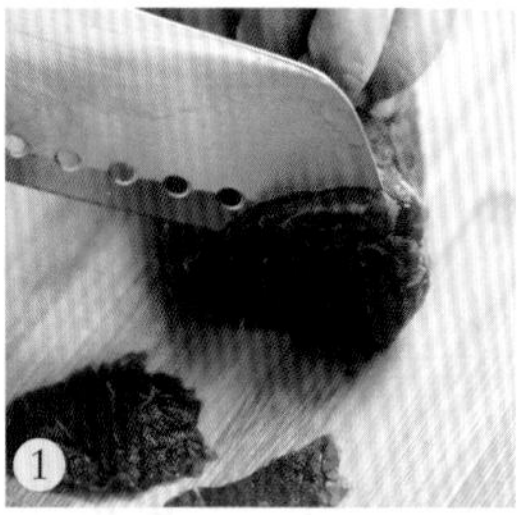

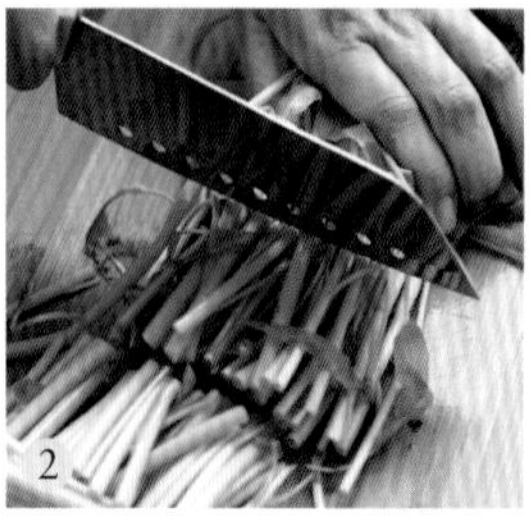

母女QA時間

女兒：為什麼醃肉時，太白粉不一起拌一拌就好了？

阿芳：在醃肉時，太白料的功能是使肉質滑嫩，但因為太白粉吸收醬汁的速度遠比肉快，如果沒有先將肉和醬油和香油拌勻，味道就只會附著在外面的粉料上，所以一定要讓調味料先和肉拌勻，才能充分入味。

女兒：熱炒怎麼保持肉嫩、青菜爽口的質地？

阿芳：可以選擇芥蘭菜、油菜、空心菜，以水分愈少，炒出來的菜愈香。所以空心菜千萬不要用水耕的，吃起來沒有口感、水分過多。炒起來水汪汪的，味道也會受到影響。另外，葉梗分開，梗先炒，才不會因熟成的時間不同，影響賣相和口感。

炒菜時，菜葉和菜梗要分開下

雞肉片薄丁，快熟好滑嫩

宮保雞丁

材料 去骨雞胸肉半副　薑1段　蒜仁2粒
花椒1大匙　乾辣椒1把　脆花生3大匙

醃料 醬油1大匙　香油1大匙　太白粉2小匙

調味料 醬油2大匙　米酒2大匙

做法

1 雞胸肉切成片丁狀 1 ，以醃料拌勻，薑切片，蒜仁切蒜片，乾辣椒以水略沖瀝乾。

2 鍋燒熱一碗油，放入雞丁半炒半炸，至雞肉變熟撈出，油鍋盛起。

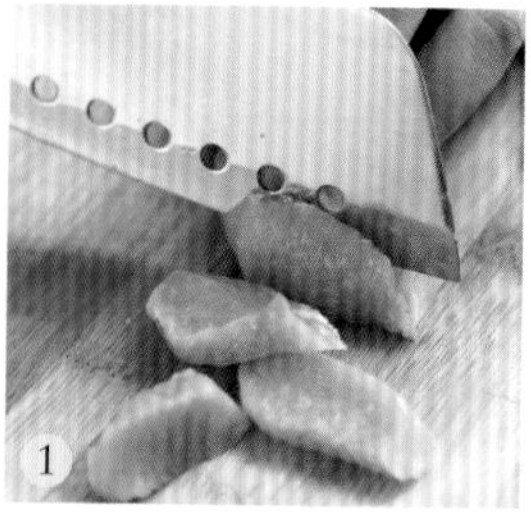
1

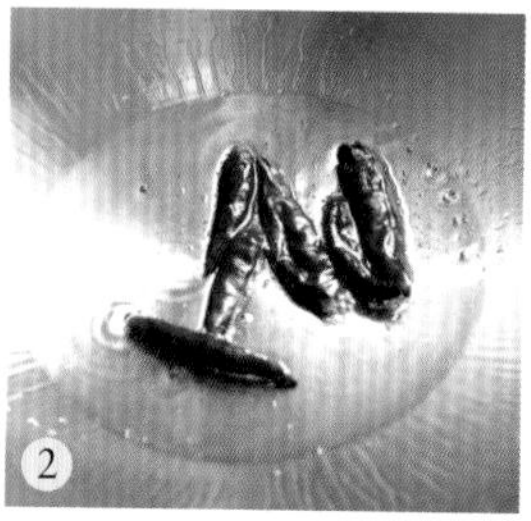
2

3 以鍋中餘油爆香花椒，撈出花椒粒，再下乾辣椒炒出香氣。 2

4 放入蒜片、薑片爆香，加入調味料炒香，放入雞丁翻炒，再加入脆花生即可盛盤。

母女QA時間

女兒：為什麼花椒要撈起來？

阿芳：宮保要炒得好，香料一定要用油爆過，香氣才出得來，但火候的拿捏要留意，花椒粒爆香後就要撈出，不然吃到口中，會多出麻的口感，而炒乾辣椒時，一變色就要下辛香料，不然再炒就會變苦，味道也不對了。

日式炸豬排

底粉用麵粉，口感酥脆不乾硬

我會做豬排其實是媽媽教的，那時還是日據時代，媽媽嫁入開旅館的家庭，因為日本人特別愛吃豬排，為了迎合眾多客人的需求，媽媽因此學了一身做豬排的好功夫，也將做豬排的手法傳到了我手中。食物和家族的關係大概是這樣，總是傳承、複製、融合、創新再複製，於是家家戶戶的餐桌多多少少都布滿了搬遷的痕跡，尤其是在台灣這個充滿不同世代的移民島嶼，到了我這一代，又有了一些變更，依著心目中最好吃的風味做了微調，將豬排先泡入味水中，讓豬排更鮮嫩多汁。也將做法用了標準的製作程序統一規格，幾次照著做之後，連兒子都做得好，當然不免俗的也成了討好女友的工具之一，或可稱為把妹利器。這樣全家閉上眼睛都能複製的味道，何嘗不是新一代的傳家之味呢？

材料

小里肌肉1條　麵粉半杯　蛋3個　水半杯
粗麵包粉2杯　高麗菜絲適量　豬排醬適量

調味料

鹽1/4小匙　白胡椒粉少許

做法

1 小里肌肉切約2公分厚片，以肉槌拍鬆不拍薄。1
2 鹽、胡椒粉加水半杯調成味水，肉排入味水中拌勻吸收味水。2
3 蛋打散成蛋液，麵粉、麵包粉分別放在盤中。肉排先全部沾上乾麵粉。3
4 再將肉排沾上蛋液。4
5 續沾麵包粉以手輕按 5，即可排盤略放2分鐘。
6 油鍋加熱，以麵包粉測試油溫，至麵包粉浮起不焦。6
7 將火力調至中火，再下豬排，一面金黃再翻面炸另一面，最後改大火升高油溫翻炸，即可出鍋瀝油，搭配高麗菜絲，以豬排醬沾食。

1
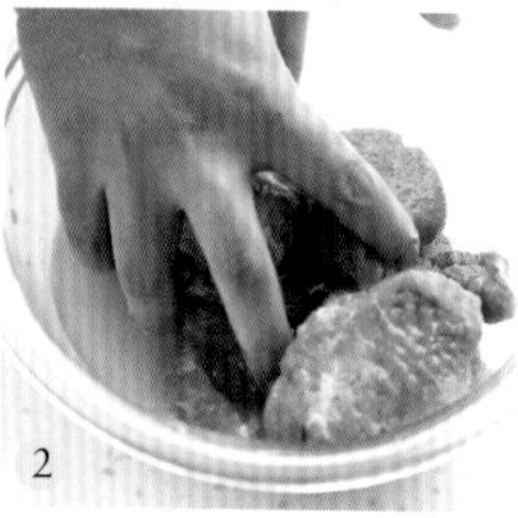
2
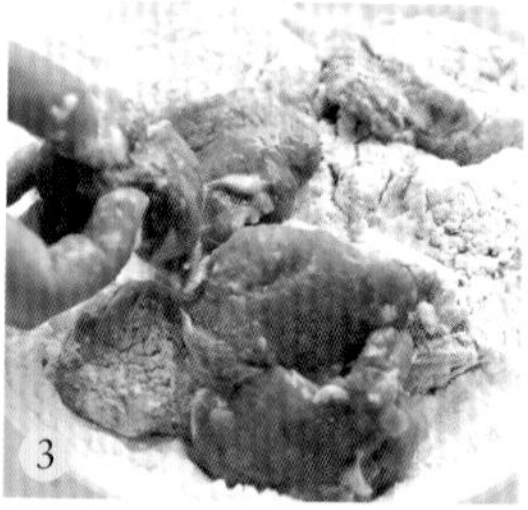
3

4

5
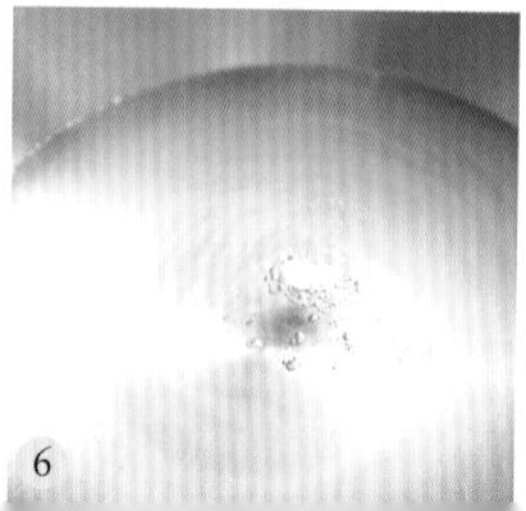
6

母女QA時間

女兒：為什麼做好豬排還放一下？

阿芳：豬排依次沾上三種材料，成為附著在肉片上的麵衣，要放一些時間讓最裡層的麵粉反潮吸收蛋汁，蛋汁抓緊麵包粉，才不會炸出掉屑脫殼的豬排。

回潮粉料不掉屑。

下一頓這樣吃：淋上蛋汁，輕鬆一人餐搞定

豬排丼便當

說到豬排丼，很快就會想到親子丼，其實做法很像，只是主料不同。只要炸過的豬排，換成醃過的雞肉片略煮，淋上滑蛋，就是親子丼了。而在我們家剛煮好的豬排鮮少是直接做成豬排丼的，多半是隔天讓女兒帶便當的菜色，為了讓炸物仍有好風味，我會把做好的滑蛋放在便當上層，豬排和飯放在下層，蒸完之後，將滑蛋蓋到飯上，滑蛋在醬汁中即使蒸過也不會變老，而油炸的食物遇到水蒸氣格外誘人，是再好不過的便當菜色了。

材料

熱白飯1大碗　洋蔥絲1小把　熱炸豬排1片　水半杯
蛋2個　蔥花2大匙

調味料

醬油3大匙　糖1大匙　味霖1大匙

做法

1 熱白飯盛碗，豬排切塊排在飯上。
2 水加調味料放入洋蔥絲在小鍋中煮滾。
3 蛋打散，淋入湯汁中，煮約10秒，呈滑蛋狀即可淋在豬排飯上，撒上蔥花即成。

麵粉加番薯粉，
添加酥脆口感

糖醋里肌

記得小時候台南有家叫「羊城」的廣東館子，進到館子，父親總會問我們想吃什麼，我和哥哥最喜歡的一道菜莫過於咕咾肉了，菜裡面加了酸果，炒得酸溜溜的，吃到口中喉嚨因為酸的刺激，還會忍不住發出「咳咳」的聲音，即使如此，下次再去，還是忍不住要點咕咾肉。

等到有了孩子之後，才發現似乎沒有小孩不為糖醋口味著迷，也難怪糖醋排骨能一直高居外國人心中第一名的中華料理了。而我把多骨少肉的排骨換成了全是肉的里肌，懶惰的孩子更又加捧場了。

【糖醋味型公式＝番茄醬3大匙＋白醋3大匙＋糖1大匙＋水1大匙】

材料
大里肌肉半條　洋蔥1／4個　青椒1個　蛋1／2個
地瓜粉水適量　水1大匙

醃料
醬油1／2大匙　香油1小匙　麵粉2大匙　地瓜粉2大匙

調味料
番茄醬3大匙　白醋3大匙　糖1大匙　鹽1／4小匙

做法
1 大里肌切成4長條，改刀切小塊，加入蛋及醃料中的醬油、香油拌勻，再拌入麵粉及地瓜粉。
2 洋蔥、青椒切丁片。
3 鍋熱一碗油，下肉丁炸至金黃酥脆撈出，青椒亦入鍋略炸撈出，油鍋盛起。
4 以鍋中餘油炒香洋蔥，下調味料炒出香氣，加入水，並以地瓜粉水勾芡。
5 加入肉塊及椒丁炒勻即成。

PART 2

尋找完美配菜，價廉物美的蛋、豆腐

最完整、最容易取得的營養品——蛋

如何挑選

每個人幾乎每天都會吃到蛋，要吃蛋，得懂得先選好蛋。蛋最基礎的幾項原則：CAS認證、日期新鮮，並且避免買室外放置的蛋品。

一般而言，小一點的為新雞生蛋，大一點為老雞生蛋。

如何知道蛋的品質好不好？可以打一顆蛋來看看，以蛋黃凸、蛋白稠而不小，品質較佳。

如何存放

買回家放入冰箱，要鈍頭向上置放，才不會讓蛋殼內氣室在擺放時通過蛋體。紅殼白殼是因為雞種的關係，其實營養都是一樣的，新鮮才是最重要的。

加分題：煮一顆糖心水煮蛋

(1) 從冷水煮蛋殼比較不容易破裂，而水量選適當大小的鍋子，只要適量淹過蛋即可。

(2) 如果是雞蛋煮約兩分半到三分鐘，鴨蛋煮三分半到四分鐘即可熄火，這樣就是不會過老的糖心水煮蛋了。

糖心水煮蛋

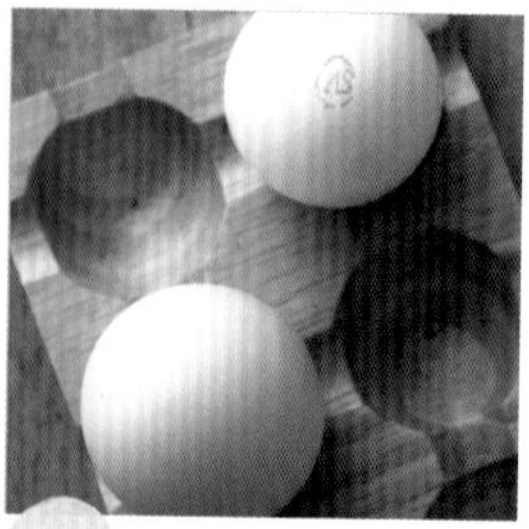

tips 挑選可看 CAS 認證。

tips 蛋黃凸、蛋白稠是優質標準。

tips 冷藏時蛋的鈍頭向上置放。

tips 冷水起鍋。

過濾雜質、掌握火候，
輕鬆蒸出細緻口感

家常風味蒸蛋

材料

蛋3個　熱水1杯半　肉燥3大匙

調味料

鹽1／4小匙　米酒1大匙

做法

1 蛋打在碗中攪拌。1

2 熱水加調味料調成高湯，邊沖邊攪倒入熱高湯。2

3 用網子過濾蛋液於碗中。3

4 以紙巾貼在蛋液表面，拖走氣泡。4

5 將碗移入沸騰蒸鍋，大火蒸1分鐘，改小火再蒸6～7分鐘。開鍋取出，最後將肉燥淋在蒸蛋上即可

1

2

3

4

母女QA時間

女兒：蒸蛋怎麼做才會滑嫩不蜂洞？

阿芳：這是新手下廚一門必學的功課，從最簡單的食材、最低的成本入手，甚至不開火也可以完成，幾乎大人小孩都喜歡，重點在於沒有小細孔，吃起來滑嫩不粗糙的口感，所以一定要先過濾蛋汁，並去除氣泡。火力控制也要注意，蒸鍋蒸大火1分鐘後，馬上改成小火，蒸蛋就不會被過強的火力蒸老了。

【滑嫩蒸蛋公式＝1顆蛋：半杯水】

你也可以這樣做：
巧用生活用具上菜

蛤蜊茶碗蒸

材料 蛤蜊1/2斤　蛋3個　熱水1杯半

調味料 鹽1/4小匙　味霖1大匙

做法

1 蛤蜊以鹽水浸泡吐沙後洗淨 1，分別各放4～5個在杯碗中。

2 熱水加調味料調成高湯。蛋打在大碗中，邊沖邊攪倒入熱高湯打成蛋液。

3 將蛋汁用網子過濾後，再倒入杯碗中。2

4 排入傳統電鍋中，外鍋放1/4杯水，電鍋蓋稍漏一小口出氣，蒸至電鍋跳起即可。

母女QA時間

女兒：用電鍋蒸蛋一樣滑嫩的祕訣是？

阿芳：如果是用電鍋蒸蛋，鍋蓋要加一根筷子，因為電鍋不能調整火力，火力太強會把蛋蒸成蜂巢狀、蒸老了，所以讓電鍋蓋稍漏一小口出氣，洩壓、減低溫度，就像瓦斯爐的小火一樣。

tips 架上筷子，可以減低電鍋的溫度。

你也可以這樣做：
冷冷的吃更好吃

三色蛋

材料 皮蛋3個　鹹鴨蛋2個　雞蛋3個　水2大匙

模型 面紙盒1個　玻璃紙1張

調味料 白胡椒粉少許

做法

1 將面紙盒自1／4處剪下，修成長方型 1，並墊入玻璃紙。

2 皮蛋剝殼一切為四，鹹蛋先敲破殼，再以刀從破殼處切成兩半，以湯匙挖出鹹蛋再切成大塊。

3 雞蛋打在大碗中，加入白胡椒粉拌勻。2

4 再倒入皮蛋丁、鹹蛋丁拌勻，倒入模型中。3

5 模型排入傳統電鍋中，外鍋放1／4杯水 4，電鍋蓋稍漏一小口出氣，蒸至電鍋跳起即可取出放涼。脫模後切片食用。

母女QA時間

女兒：三色蛋好看也好吃，要怎麼做得和外面一樣工整好看？

阿芳：這也是我們家在經營自助餐店的時候，很經典的一道菜色，三色蛋的形狀要靠模型，可以用市售的長型鋁盒模型，不過模型用一次就丟，有點浪費，可以準備用完的面紙盒，加上文具店就可以買到的玻璃紙，做成簡易的模型，環保又方便。

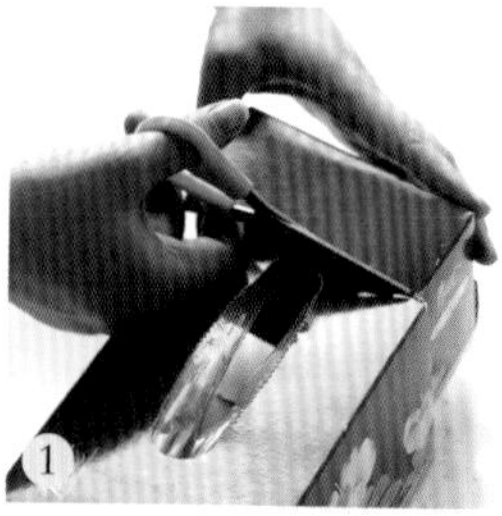
1

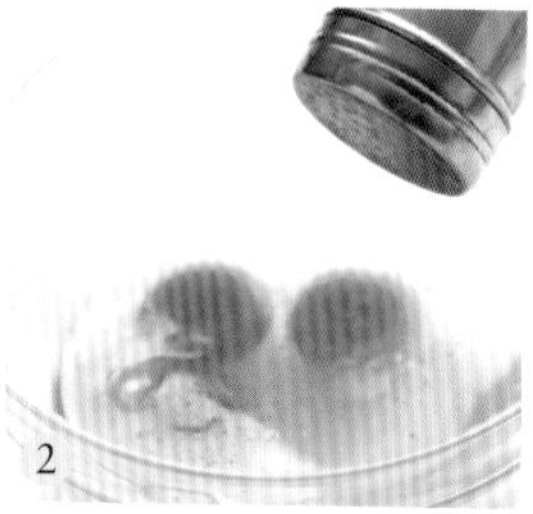
2

3

4

tips 模型可用面紙盒及玻璃代替。

每天一顆荷包蛋

身為職業媽媽，為兒女準備便當是每天固定的工作，放學時看到被吃得乾乾淨淨、一點不留的便當，則是身為媽媽最欣慰的事之一。

這樣說來，女兒在吃便當的表現上稱得上非常賞臉，不僅總是吃得光光，還會給予評價，這個好吃、那個特別，相當程度的滿足著身為媽媽的自尊心。不過唯有一樣怎麼也不能動的堅持——就是每天一顆的荷包蛋。

當然在女兒心中荷包蛋也有一定的標準，一顆完美的荷包蛋，要蛋黃蓬鬆半熟、蛋白柔滑軟嫩，邊邊要金黃微焦有香氣，缺一不可。但再厲害的荷包蛋天天吃能不膩嗎？這件事在全家心中一直是難解之謎，因為她還真的吃不膩，而且只要一天沒帶，回家就會失望的叨唸：「今天怎麼沒有荷包蛋？」

我先生也百思不得其解，他的結論是我家女兒恐怕是拿荷包蛋去跟同學交換菜了，不然怎麼可能每天都帶一樣的菜，不過為了滿足女兒微小的希望，不管帶什麼便當，我都會加上一顆荷包蛋，一顆蛋、兩顆蛋、三顆蛋，就像是職業媽媽的打卡鐘一樣，記錄著每天的便當生活。也只有考試那幾天會掛上暫停供應牌，俗話說吃什麼補什麼，若真要吃蛋抱蛋可不大妙，為討個好采頭，我們暫且避避風頭，然而過了考試期間，便當裡依舊是荷包蛋的天下。

而家裡的管家初來乍到的第一樣功課也是煎荷包蛋，蛋白太乾太硬、蛋黃太熟，都會被女兒打槍，在我一邊教、女兒一邊嫌的磨練之下，管家的荷包蛋等級 快速提升、水準極佳，後來參加節目舉辦的煎蛋大賽，也不負眾望的一舉奪魁，大概也是工作之餘的意外收穫吧！

不倒翁原理，翻出漂亮蛋型

醬油糖荷包蛋

材料 雞蛋4～5個　水3大匙

調味料 醬油2大匙　糖1大匙

做法

1 平底鍋加熱，再加少許油熱過。蛋打在碗中倒入平底鍋。1

2 煎至蛋白層定型。2

3 拿木鏟由蛋黃靠邊處對翻即成荷包狀。3

4 再多煎一下至喜好軟度即可盛盤，依序煎好荷包蛋。4

5 原鍋下醬油、糖煮出焦香味。5

6 再下少許水稀釋煮開成醬汁，淋在荷包蛋上即可。6

母女QA時間

女兒：怎樣煎出我的100分荷包蛋？

阿芳：一定要熱鍋溫油再下蛋，如果溫度太低，蛋白會隨著加熱時間過久而變硬，為確保蛋黃不破，可以先打到碗裡再下鍋。

女兒：為什麼翻蛋要從靠蛋黃那邊翻？

阿芳：荷包蛋最難克服的技巧在翻面，一不心就會弄破蛋黃。這裡使用的是不倒翁推不倒的重心原理，一撥蛋黃就像不倒翁一樣往重的地方翻過去，蛋黃也就不容易弄破了，而蛋黃讓蛋白托著加熱，就會形成膨脹柔軟的質地了。

掌握油脂和溫度，聞到香氣才ＯＫ！

菜脯蛋

材料 菜脯碎1/2杯　蛋3個　蔥花2根

調味料 白胡椒粉適量

做法

1 菜脯以1杯水略泡10分鐘，以水略沖，去除鹹味，以手確實擰乾水分。1

2 菜脯入炒鍋乾炒出香氣，並加入白胡椒粉。2

3 蛋打入碗中，加入蔥花及炒好的菜脯拌勻。3

4 原鍋加3大匙油熱鍋，將蛋液倒入鍋中，以筷子或炒杓在厚底部份劃圈 4，將底部煎熟的蛋和蛋液攪勻，煎至整面蛋片成型。

5 將鍋鏟鏟入中心 5，用盤子蓋鍋輔助翻面，續煎另外一面至蛋片金黃香酥，即可滑鍋盛盤。

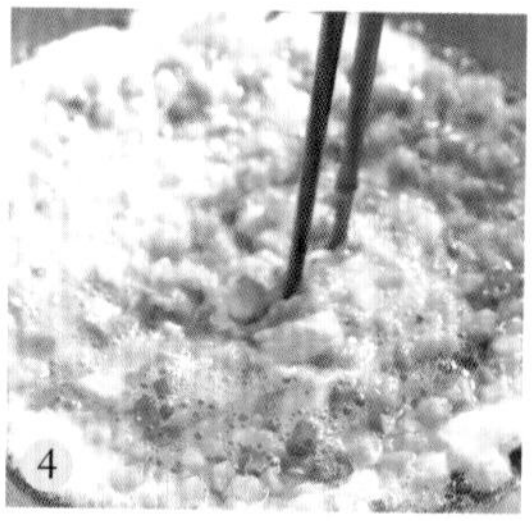

母女QA時間

女兒：菜脯不能直接和蛋一起煎熟嗎？

阿芳：市售醃漬品往往會有一股陳年的氣味，得透過鍋氣炒過後，藉由溫度提出香味、去除陳味，菜脯就是其中的代表。如果蛋汁直接和菜脯一起煎，蛋很就快熟了，但菜脯只是包覆其中，不僅缺乏香氣，連陳味也包進蛋裡了，所以一定要經過炒的步驟。

女兒：為什麼要用筷子劃圈圈？

阿芳：因為中心的部分較厚，用筷子在中間慢慢的畫圈圈攪動，將快熟的蛋汁和未熟的蛋汁混和，可以讓蛋受熱平均，容易凝固，也比較快熟。

你也可以這樣做：
夾入饅頭，懷念的早餐滋味

蔥花蛋

看連續劇常有新媳婦下廚，公婆試了一口全是鹽巴，結果忍不住吐出來的劇情。為什麼會這樣？當然是鹽沒拌勻，而最會欺負新媳婦的，就是這道看來普通的蔥花蛋。因為蛋不是真正的水分，鹽無法在短時間內溶解，料理訣竅就在於先把鹽和蔥花拌勻，再拌入蛋中，充滿水分的蔥花均勻吸收了鹹味，吃起就剛剛好了。

材料

蛋3個　青蔥3根

調味料

鹽、白胡椒粉適量

做法

1 青蔥切粗蔥花加鹽拌勻後，再打入蛋。
2 加入白胡椒粉，快速打勻，即可倒入鍋中。
3 鍋中加入2大匙油加熱，以筷子或炒杓在厚底部份劃圈，將底部煎熟的蛋和蛋液攪勻。
4 將蛋煎成金黃的蛋片狀即可呈盤。

蔥花要先和鹽拌勻。

母女QA時間

女兒：為什麼九層塔要加沙拉醬拌過？

阿芳：在烘蛋的蛋汁裡加入一點油脂，這些油會在受熱時會產生水蒸氣，讓蛋膨發，而油也會再度被溫度逼出，留在鍋中，這是烘蛋時讓蛋鬆軟的小祕訣。沙拉醬因為富有油脂，且經過乳化的程序，所以效果特別好，如果沒有沙拉醬，也可以直接拌入一大匙油。

九層塔烘蛋

你也可以這樣做：
加油加壓蛋烘得膨鬆

烘蛋時希望蛋膨得高高的，記得一定要蓋鍋蓋改小火烘。加蓋會產生熱壓力，使烘蛋膨鬆柔軟，像加了增高劑一樣，當然如果只是煎蛋，就不用特別蓋鍋了。

材料 九層塔1把　蛋3個　沙拉醬1大匙

調味料 鹽1/4小匙　白胡椒粉適量

做法

1 九層塔摘下葉子，以刀切成粗段。

2 放在大碗中，撒上鹽、胡椒粉、沙拉醬先拌勻，再將蛋加入一起打勻。

3 炒鍋熱鍋，加2大匙油熱油潤鍋，倒入蛋液。

4 推成圓蛋餅狀，即可改小火加蓋略烘2分鐘。

5 開鍋蛋熟會鼓漲，翻面再蓋鍋小火烘2分鐘即可滑鍋盛盤。

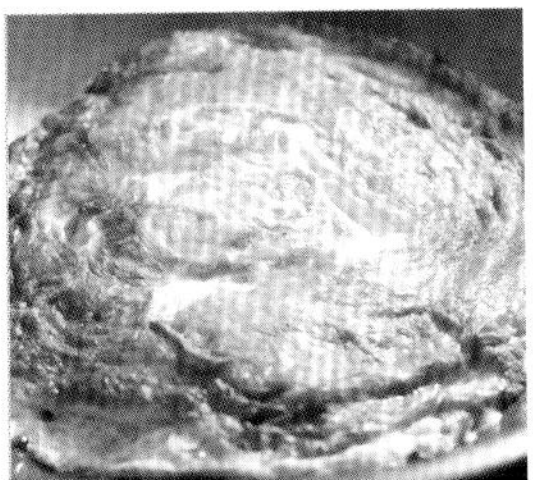

加蓋後蛋就會自然鼓漲。

真正的主婦之友——蛋料理

雖然工作忙碌，但我從來沒有因此而放下為人妻為人母的職責，煮飯燒菜是我最容易感受到付出和獲得的時刻，即使再忙，我都希望可以大家晚餐時可以一起好好吃個飯，不過做起來真的說有多累就多累。

因為自己是過來人，偶爾會想，如果以後我的女兒、我的媳婦也面臨這樣的挑戰時該如何是好，也許多學幾道經濟、快速的應急菜色，在時間不足時會從容得多。而煎蛋在我心中就肩負著這樣的使命。從一片蛋餅到蛋捲，不僅可以在最短時間能獲得最好效果，而且可以變的花樣很多。而教完女兒這道菜之後，她興致勃勃的做了好幾次，當然一來是喜歡吃，再者，看起來有點難度，學會了做起來實在很有成就感。這對初入廚的年輕人是掌握火候和上菜速度很好的練習題。

這其實是我們家開自助餐的時候，因為想要讓便當看起來更美觀，特別研發學習的菜色，用4顆蛋煎好的蛋捲，斜切片可以切出16片玉子燒，在減少烹飪時間和成本上的效益，著實讓我小小得意了一下。我還記得用餐前正忙的時候，玉子燒在鍋中等待上色時，手已經在打下一鍋的蛋了，一次下來100份便當的蛋，只要給我10分鐘就完成了。

而這種玉子燒，事實上用家常手法也做得到，會了之後，可以在蛋捲裡隨意放入自己喜歡的食材：火腿、培根、起司……，美味得要掌握兩件事：油脂和溫度都要夠，加上靈敏的嗅覺，聞到香味才算數。

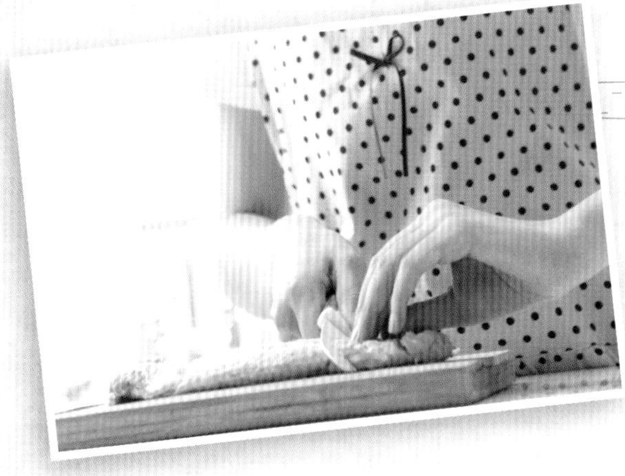

一只平底鍋＋兩支鍋鏟，煎出漂亮蛋捲

和風海苔蛋捲

材料　蛋4個　壽司海苔皮1張

調味料　鹽1/4小匙　白胡椒粉適量

做法

1 蛋打在大碗中，鹽以手捏散，撒在蛋中，加入白胡椒粉一起打幾下即可。

2 平底鍋先空鍋熱鍋，加入2大匙油潤鍋，倒入蛋液。1

3 趁蛋汁未全熟，鋪上海苔皮。2

4 快手以兩支鏟將蛋皮由一邊連續翻捲成長型蛋捲。3

5 生蛋液往前傾，蛋捲往後拉。4

6 順勢翻捲煎成整條蛋捲5，略煎出香氣即可熄火盛出。

7 蛋捲略放微涼後，以斜刀切片即成。6

母女QA時間

女兒：蛋捲看起來好複雜喔！煎蛋捲不失敗的訣竅是？

阿芳：空鍋要熱，倒入蛋汁時，油是溫的不要過熱冒煙，這樣蛋汁會凝結，但不會快速定型，來得及控制形狀。再來的動作，可以看熟了再跟著做：重點在於兩支鍋鏟同時翻面，再讓未熟的生蛋液往前，再次用煎鏟翻捲成型。其實剛開始形狀煎得不夠美也沒關係，吃下肚子一樣美味，多試幾次就會了。

女兒：煎好的蛋捲，怎麼切才會平整漂亮？

阿芳：要用斜刀切，和切生魚片一樣是用推拉的方式滑刀切開。

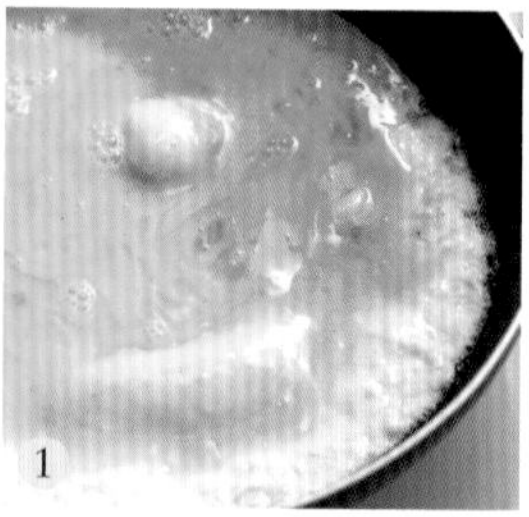
1

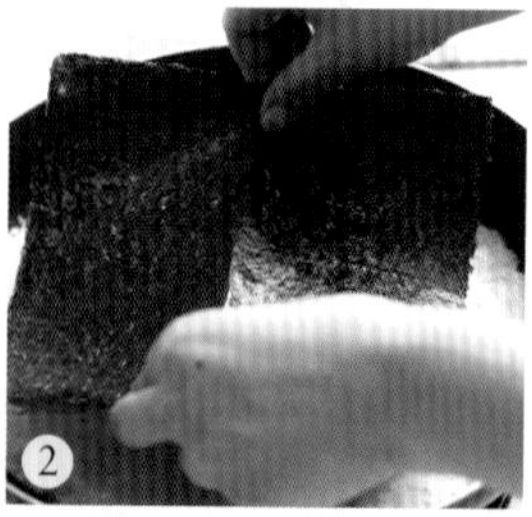
2

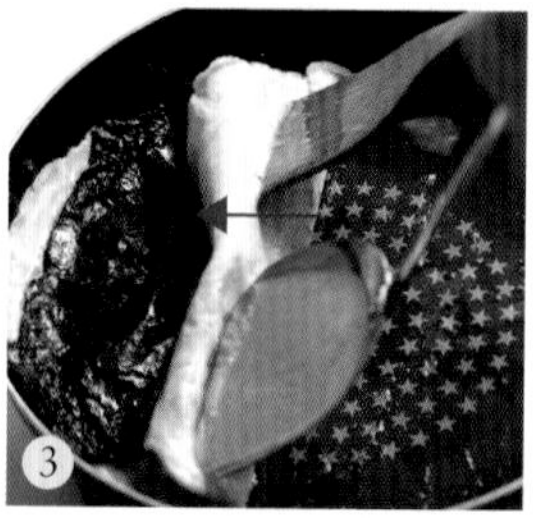
3

4

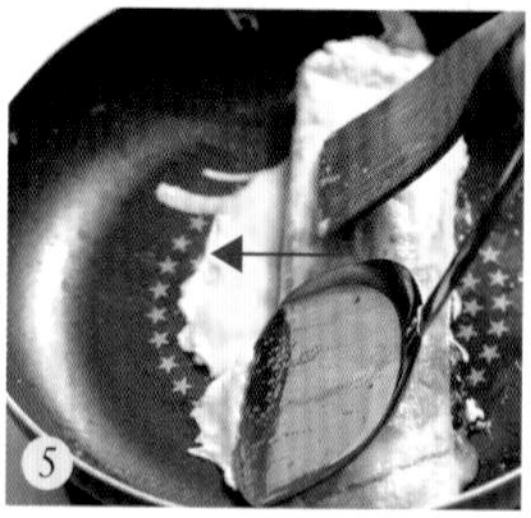
5

6

蛋要滑嫩要先炒

番茄炒蛋

微酸、微甜、帶鹹、好下飯的番茄炒蛋，是自助餐常見的菜色，也是每個家庭幾乎都會做的菜色。但是你真的會煮嗎？先炒蛋還是先炒番茄？還是一起倒進去？相信不少人的頭上都冒出問號。

要讓煮出滑嫩的番茄炒蛋，蛋和番茄一定要分開處理，因為等番茄炒軟、炒出茄紅素時，蛋也老了，所以蛋炒到七分熟就可以先盛起，再炒番茄，最後勾點芡汁，讓蛋和番茄可以包覆在一起，也減少出水的機會。

而在材料上，我也有小小的堅持，一定要用帶酸味的黑柿品種，雖然不像牛番茄的顏色這麼鮮紅，可是特有的酸味，是好吃的番茄炒蛋首選。

材料

黑柿種番茄2粒　蛋3個　蔥1根　水1杯　太白粉水適量

調味料

鹽1/2小匙　糖1小匙　香油1小匙

做法

1 青蔥切蔥花，番茄切丁塊，蛋打散。
2 鍋熱2大匙油潤鍋，下蛋汁推炒成七分熟滑蛋盛起。1
3 以鍋中餘油下番茄丁翻炒，加入水，即可加蓋煮3～4分鐘。2
4 開蓋以鹽、糖調味，以太白粉水炒出芡汁，加入滑蛋炒至蛋熟3，淋上香油，盛盤撒上蔥花。

1

2

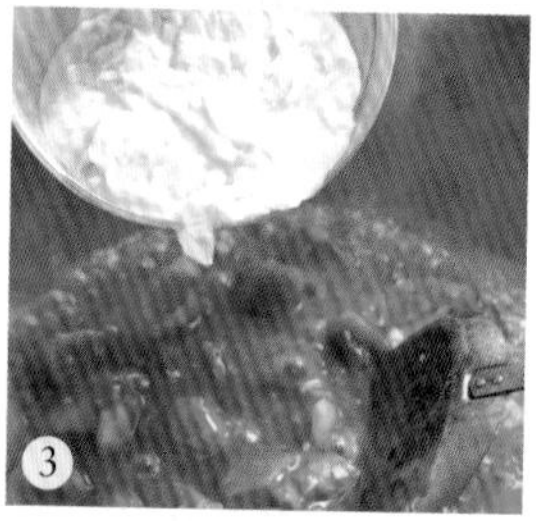
3

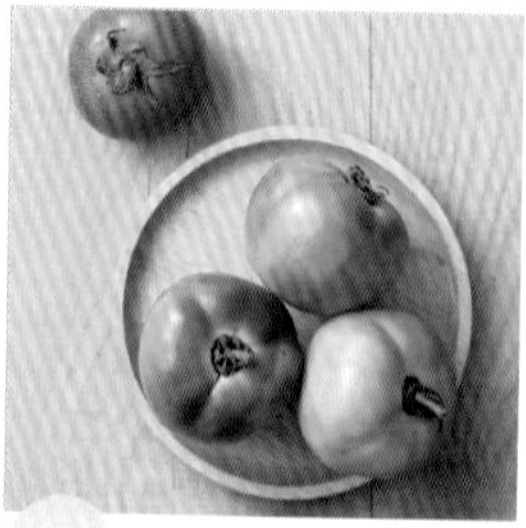
牛番茄和黑柿

母女QA時間

女兒：菜市場賣番茄的老闆說他賣的是鹽地番茄，是不是鹽地有差嗎？

阿芳：標示鹽地番茄表示這是種植在沿海的農地，土質的鹽分含量高，而鹽分的密度能讓瓜果的甜度更高，所以鹽地出產的瓜果，也成了品質的象徵了。

豆類製品，最平價的蛋白質來源

如何挑選：

豆類製品涵蓋許多，因為不容易保存，所以要適量採買。採買時，要有新鮮豆香味，表面不濕黏、無酸味。這幾年豆類製品在食品安全問題上頻頻出包，要怎麼判斷優劣？放會壞的當然比較好。為了安心，不妨先花點錢，在店家買一份豆干、豆腐回家，早上買回來不要冰，直接放到傍晚，晚上時拿起來聞一聞，看看是不是有酸味。因為豆類富含蛋白質，所以酸敗得特別快。聞到有酸味，下次就繼續買吧！如果都沒事的話，可能就得擔心是不是加了太多不該加的添加物。

如何保存：

板豆腐買回一定要洗淨，以盒盛裝，以冷開水浸泡，不宜冷凍的豆腐、豆干要儘速食用料理前要洗過，較能夠保存的品項，如：豆包、百頁、百頁豆腐也要放於冷凍，才能延長存放天數。

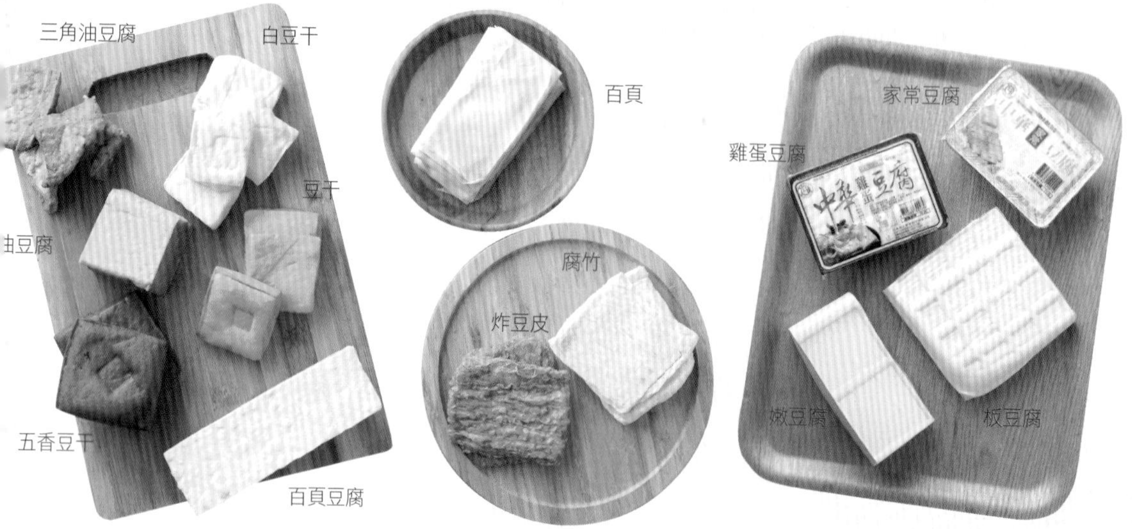

第一次做就上手

肉鬆皮蛋豆腐

這是最簡單的做法，不用特別教，大概大家都會做，豆腐可以用盒裝豆腐或板豆腐，不過家裡的孩子對盒裝豆腐情有獨鍾，喜歡入口即化的細緻口感。調醬汁的時候，記得調一點甜味進去，太鹹口，吃兩口就吃不下了，或者用肉鬆平衡口感也行。

材料

嫩豆腐1盒　皮蛋2個　肉鬆3大匙
醬油半杯　蒜末1大匙　冷開水2大匙
蔥花、辣椒圈3～4大匙

調味料

醬油膏4大匙　糖1大匙　香油1大匙

做法

1 豆腐從盒底切開，將豆腐倒出，切成方丁放在深盤中。

2 皮蛋剝殼切丁塊，放在豆腐上，入冰箱冷藏20分鐘。

3 蒜末加冷開水調成蒜水，加上調味料及少許蔥花調成醬汁。

4 食用時取出皮蛋豆腐，倒去盤底水份，淋下醬汁，再撒上肉鬆及新鮮蔥花、辣椒圈即成。

保持形狀，豆腐不要翻，要用推的

麻婆豆腐

從四川來的麻婆豆腐，起源大概可以追溯到清朝，當時周詢著的《芙蓉話舊錄》是這樣說的：「北門外有陳麻婆者，善治豆腐……」

我們不住四川，但每個月總有幾天會煮到這道菜，每每只要煮到這道菜就可以看到兒子開心的臉，多半是歡呼著盛好了白飯，然後舀了滿滿一匙包含醬汁絞肉豆腐的澆頭，拌著飯吃得不亦樂乎，平時飯量不大的兒子，總能就著這盤菜多添點飯，這大概就是麻婆豆腐的魅力所在，滋味平實卻不馬虎。

不過麻婆豆腐要煮得好，得先準備正宗的四川花椒粉，如果可以的話，油可以多擱點，現在聽來似乎太罪惡，不過這豆腐不油，還真的不香。

母女QA時間

女兒：花椒粉不用炒，直接撒上就可以了？

阿芳：花椒粉的做用是提出香麻的氣味，炒了會苦，起鍋撒上就可以了。讓鍋中的熱氣引出香味，端上桌時的味道特別好吃。

材料

家常豆腐1盒　絞肉2兩　蒜仁3粒　花椒粉1／4小匙

水1杯　太白粉水適量　青蔥1根

調味料

醬油2大匙　辣豆瓣醬2大匙

做法

1 青蔥切蔥花，蒜仁拍成粗末，豆腐切丁。
2 熱鍋加3大匙油，爆香蒜末，加入絞肉炒散，調入調味料，炒出香氣。
3 加入水及豆腐丁一起煮滾，改中火再多煮3分鐘。
4 加入太白粉水，以推煮的方式炒出濃芡狀。
5 熄火前加入花椒粉，盛盤後趁熱撒上蔥花。

tips 祕密武器是四川花椒粉和辣豆瓣醬。

半煎半炒，豆干炒透了就好吃

魚露炒豆干

材料 白豆干1/2斤　蒜仁3粒　青蔥3根　水1/2杯

調味料 魚露3大匙　糖1小匙　香油1大匙

做法

1 白豆干切約0.5公分厚片，蒜仁拍粗末，青蔥切粗蔥花。

2 熱鍋加2大匙油潤鍋，加入豆干半煎半炒。1

3 至豆干略上色漲大，續下蒜末一起炒香。2

4 魚露由鍋邊下3，炒出香氣以糖調味，再加入水炒至產生水氣，即可加入香油，蔥花炒勻盛盤。

1

2

3

母女QA時間

女兒：為什麼豆干有時候吃起來生生的，一點都不入味？

阿芳：炒豆干看似家常卻很耐吃，而豆干要炒得好吃，千萬別切太薄，不然吃不到口感。而且一定要炒透，豆干要透得靠半煎半炒，在鍋子裡一直翻是沒有用的。一定要讓切片的豆干靠在鍋面，煎到表面「赤」且上色，此時豆干會膨起鼓脹，再下辛香料，豆干就不會有生味，醬料才吃得進裡頭，味道特別香。

女兒：豆干還可以怎麼做？

阿芳：神奇的豆干雖然便宜，但炒不透滷不透，白白的味道就是不好吃，做滷豆干一定要滷到鼓脹，再關火泡燜，才能把滷汁吸到裡面。可以用滷肉湯汁過濾後加點水，或用魚露加蒜頭炒過，再兌水稀釋都能滷出好味道。重點在於給予豆干油脂、鹹味、壓力（要蓋鍋），就會入味又好吃。要記得沒有滷透，等豆干涼了再滷就再也滷不透了。

豆腐的脆皮口感，用太白粉就對了

台式炸豆腐

這是在小吃攤常見的豆腐做法，其實在家做花費不高，端上桌通常也都頗受好評，不過背後可能會有一道隱形成本，就是油的耗費，因為炸過豆腐的油水分含量過高，用一次就要捨棄。現在家庭常用沙拉油，不過好吃酥脆的炸豆腐，其實用豬油效果是最好的，也不妨嘗試看看。要吃才沾醬的食用方式，吃到最後一口都很脆口。

母女QA時間

女兒：如何判斷何時該下豆腐？

阿芳：油熱得差不多了，可以捏一小塊豆腐丁，放入油鍋。看到豆腐丁浮起來，不會馬上變黑，這時候就可以將火改為中火，並放入豆腐油炸。如果豆腐直接沉入鍋底，這樣的油溫就太低了。

材料

板豆腐2塊　太白粉4大匙　青蔥2根

調味料

醬油膏2大匙　蒜末1／4小匙

做法

1 青蔥切蔥花，豆腐切塊，用廚房紙巾擦乾。1

2 起油鍋熱油，放入豆腐炸至外表金黃酥脆撈出，油鍋盛起。

3 調好醬料，撒上蔥花和炸豆腐一同食用即可。

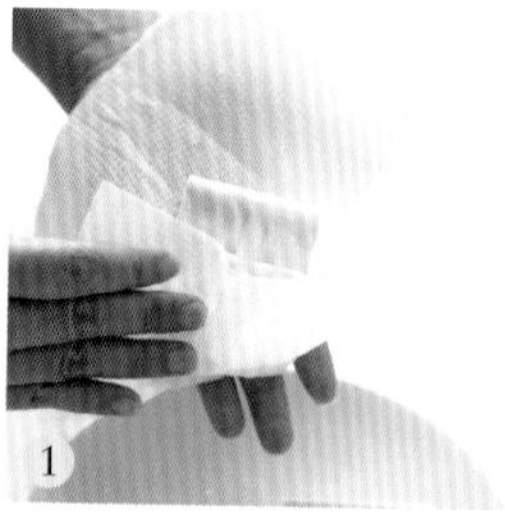

1

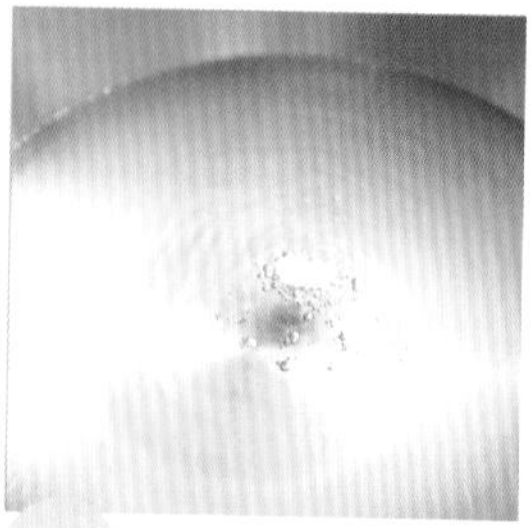

tips 判斷油溫看浮起來的狀態。

玉米粉＋在來米粉，
保有酥脆不黏糊

日式脆皮豆腐

材料

盒裝雞蛋豆腐1盒　白蘿蔔1段　玉米粉2大匙　水2杯
在來米粉2大匙　青蔥花1大匙　柴魚片1包

調味料

醬油1大匙　味霖1大匙　鹽1/4小匙

做法

1 青蔥切蔥花，白蘿蔔磨成泥，豆腐切方塊，玉米粉、在來米粉在盒中混合。
2 豆腐沾上粉 1，排在盤邊略放2分鐘。2
3 柴魚片放在大碗中，水加調味料煮滾，沖入柴魚，蓋燜3分鐘，過濾出柴魚片。
4 豆腐入油鍋炸至表皮金黃鼓漲，改大火升高油溫撈出。
5 將炸豆腐放在湯碗中，放上一撮蘿蔔泥，撒上蔥花，淋上熱高湯趁熱食用。

母女QA時間

女兒：台式和日式炸豆腐的差異是？

阿芳：這道就是在日本料理菜單上常見的揚出豆腐，揚物就是日文炸物之意。如果對喜歡日式料理的風味，相信一定也會喜歡這道菜，和台式乾脆豪邁的風格不同，加了高湯，多了幾分婉轉的細膩。也可以看個人的喜好，加入七味粉或海苔絲都很合適。

女兒：為什麼日式炸豆腐用玉米粉和在來米粉？

阿芳：因為這裡多了一道淋入和風高湯的步驟，如果是用太白粉，豆腐一遇到熱高湯，就像表面就像勾芡一樣，會變得黏滑不再脆口。所以要改用細而不黏的玉米粉和脆而不糊的在來米粉，用兩種不同粉料的質地，為炸豆腐做好水土保持。

脂渣滷豆腐

煮滾後熄火浸泡，
豆腐軟嫩不蜂洞

這道菜真真可以說得上是我們家百吃不膩的菜色，有時候夏天天熱，胃口不好，家裡不煮飯，就煮上一鍋滷豆腐，拿個碗夾上兩塊，吃著吃著也就一餐了。

我用炸完豬油的渣渣一起滷出這鍋香味，厚厚一層的油脂，會將豆腐封在醬汁裡頭，通常這是我上市場當天回家會用最快速度做的菜，不僅第一餐好吃，浸泡到第二天更好吃，當天買回來的豆腐最是新鮮，一鍋煮好也不會佔冰箱的空間。煮好了吃起細嫩香滑就像鹹豆花一樣，吃的時候用小淺碟輕舀上桌，吃一塊舀一塊，保持熱燙燙的溫度，鹹香滑口，吃起來非常舒服，不只可以單吃，也下飯。且一大塊豆腐幾十塊就能換一大鍋，說起來實在很划算吶。

材料

傳統板豆腐4個　肥豬油丁1杯　蒜仁8粒
水約3杯

調味料

醬油1/2杯

做法

1 蒜仁切成大粒狀，板豆腐切大塊。
2 豬油丁入鍋以慢火炸出豬油，至油渣變金黃 1，加入蒜丁炒香熄火。
3 將蒜丁帶豬油倒到小湯鍋中，放入豆腐，先淋入醬油再添水淹平豆腐。2
4 開火以中火煮至沸騰熄火，浸泡半天，使豆腐入味。
5 食用時重新加熱至沸騰，盛碟時除了豆腐塊，一起舀上油渣丁及醬湯帶味。

1

2

PART 3

呷菜，我們一家都愛吃菜，也懂吃菜

切一切、搖一搖，
輕輕鬆鬆快速上桌

涼拌黃瓜

我家兩個孩子都是黃瓜的擁護者，不過吃法略有不同，哥哥愛吃涼拌的，一整盒涼拌黃瓜可以自己默默嗑光；妹妹愛吃清炒的，沒有太多調味的清炒黃瓜，也能吃上一大盤，各據山頭卻也不會打架。不過冷的熱的都一樣，都只有一點薑、蒜調味，就要吃蔬菜的原味。

而我的工作忙，進到廚房一切都講求效率，所以做泡菜也不抓醃，就切一切和調味料一起丟進保鮮盒裡搖一搖就算數了，雖然做法簡單，不過，味道倒是一點不差。常看人家標明，要去澀水、去苦水，才好吃，但在調味時，只有這裡的雞粉不能少，或者換成味精也行，用量不多，卻能能有效提出鮮味。

材料

小黃瓜4條　薑1段　蒜仁3粒　辣椒半根

調味料

鹽1/2小匙　雞粉1/2小匙　香油2大匙

做法

1 小黃瓜一條切為四段，再以刀拍破口。

2 薑先拍破再切碎，蒜仁拍粗末，辣椒切成圈狀。

3 全部材料放入保鮮盒，加入調味料，蓋上盒蓋搖勻入冰箱冷藏半天即成。1

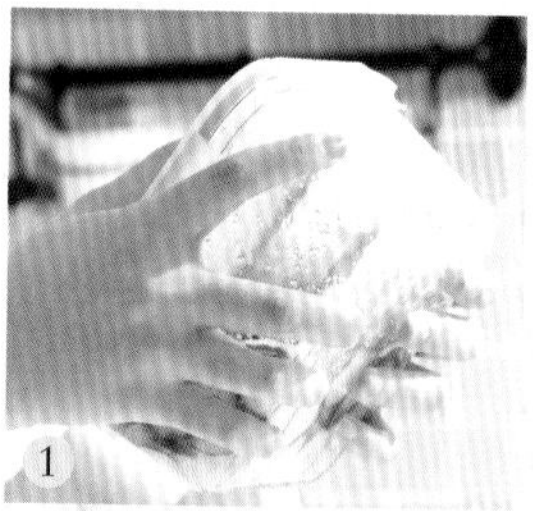

1

tips 傻瓜泡菜

母女QA時間

女兒：我記得還有配天婦羅的那種甜酸小黃瓜也很好吃，那要怎麼做？

阿芳：這種泡菜我稱為「傻瓜泡菜」，公式很好記，一條小黃瓜加一大匙白醋和一大匙糖，以此類推，只要將小黃瓜切成薄的圓片，加入調味料，一樣放到保鮮盒搖一搖，放個十分鐘左右就可以吃了，做法簡單又好吃。

泰式做法加分，
敲擊混和油分調味

涼拌青木瓜

材料

青木瓜1/4個　蒜仁3個　朝天椒1根　長豆2根
香菜1小把　脆花生2大匙　檸檬1個　小番茄3～4個

調味料

魚露3大匙　糖2小匙

做法

1 青木瓜刨皮去籽 1，刨成細長絲狀，長豆折成段，小番茄切成對半，香菜切段，蒜仁切粒狀，朝天椒切段，檸檬擠汁。

2 取一大碗盆，將蒜粒、辣椒、長豆、花生加入，並淋入魚露及糖。2

3 先以擀麵棍敲擊入味 3，再加入木瓜絲，以擀麵棍敲擊變軟。

4 淋上檸檬汁，加入香菜、番茄丁拌勻即可盛盤。4

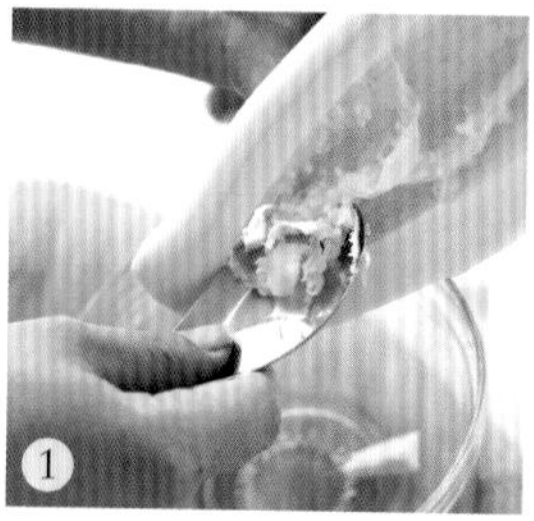

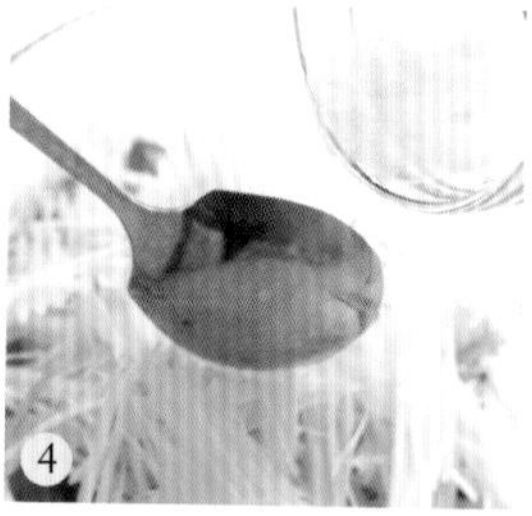

母女QA時間

女兒：為什麼這裡是用敲的，不用抓醃？

阿芳：這是正宗的泰式做法和台式的抓醃入味的方式不同。利用敲擊使花生、蒜粒、辣椒的味道和油脂充分釋放，並快速入味，也可以將青木瓜換成金煌芒果的芒果青刨絲，一樣享有好風味。

半生瓜，原是人生真滋味

夏天是苦瓜的季節，台灣的氣候濕熱，每到夏天我總會陷入「苦夏」的症狀中，特別是在怎麼避也不避開的廚房裡，蒸騰的熱氣總輕易的讓人中暑，而要排除身體的暑氣，來一碗苦瓜湯是再好不過的，不只消暑清熱，還解毒健胃。食物和節氣的關連性在此可見再清楚不過了。

一直在想，人生滋味不外乎酸甜苦辣，可是少年時多半怕苦，極少人年紀輕輕就愛吃苦，奇怪的是時間到了或是年紀到了，竟然能從苦中嚐到回甘。

我記得兒子小時候也不吃苦瓜的，隨著年紀增長，不知是被苦瓜之神所召喚，或是身體呼喚著苦瓜，從不排拒苦瓜到喜歡，也不過是這幾年的事。現在他不只愛喝苦瓜排骨湯，涼拌苦瓜、燜苦瓜都吃，就好像一直都很喜歡似的。

而女兒也在今年對苦瓜開了綠燈，從拒絕的紅燈，到放行的綠燈，其實走了好多年。以往不論怎麼勸說，得到的結論都是NO！中間還試過不少做法，說真的，吃起來真的不苦。不過，不論如何解釋，總會得到「你騙人」的眼神。而今，終於在食物的履歷表上又邁進了一大步，雖然只是一點口味上的變化，我卻彷彿在其中看到孩子長大的痕跡。

其實喜歡苦瓜的人大概並不在意，苦瓜是不是能透過烹調手法吃起來不苦一點，反倒獨沽這味苦甘苦甘的味道，而苦瓜的味道和人生的味道也大致相似，總是苦樂摻半，走了大半圈，我也開始能享受這苦中作樂的真實人生了。

去籽去膜切薄片，
清脆爽口苦甘滋味

梅蜜翠玉苦瓜

材料

青苦瓜1條　冰塊1把　冷開水1大碗　蜂蜜1大匙

調味料

醃漬紫蘇梅2大匙　蜂蜜1大匙　沙拉醬2大匙

做法

1 苦瓜對剖去籽，再一切為兩長條，以尖型水果刀的刀尖，將苦瓜的內膜去掉。1

2 以薄刀將苦瓜推切成薄片。2

3 泡入冰塊冷開水中冰鎮 3，梅子去籽切碎，加上蜂蜜和沙拉醬調成醬，冰塊盛於盤中，放上苦瓜片，搭配沾醬食用。

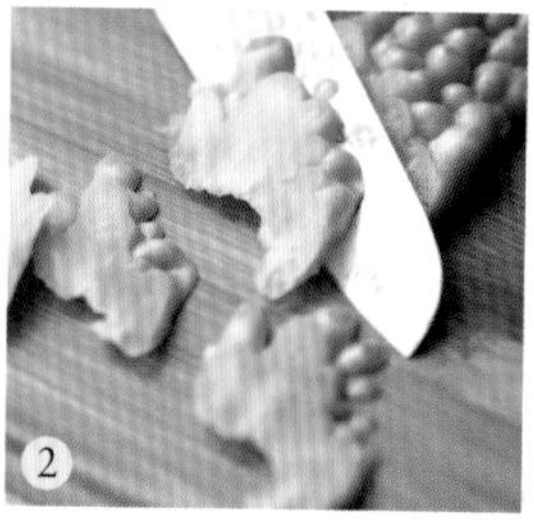

母女QA時間

女兒：不苦的苦瓜還可以怎麼做？

阿芳：涼拌之外，也可以用燜的，準備一條白苦瓜對剖留籽，切成大寬片。炒鍋放入2大匙香油，放入苦瓜翻炒熟，盛於大碗中。撒上適量薑絲，淋上半瓶壺底油精和3大匙水，放入電鍋外鍋放半杯水蒸至跳起即可。就是好吃的蔭油燜苦瓜。

TIPS 煎過直接放電鍋，就是美味的蔭油燜苦瓜。

瓜果類蔬果大比拚

不論瓜、茄、豆科都是爬藤植物，我們食用的是植物果實的部分，因此口感和其他蔬果不同，顏色也多彩繽粉，一般而言，冬天瓜厚實、夏天瓜消暑，買瓜果要注意，形體完整，拿起來重，避面瓜體結痂或有被蟲叮咬的痕跡。

大黃瓜、小黃瓜

好吃的小黃瓜重點在新鮮度，買的時候，瓜身別選太胖的，這表示瓜囊多。皮要刺，摸起來有點扎手，尾端最好掛著花，輕輕一折有瓜漿流出，這才是新鮮不老的好吃小黃瓜。而大黃瓜，可分為較軟的青肉和較厚實的黃肉品種，有瓜刺的是青肉，黃肉品種需要多花一點時間烹煮。

絲瓜、扁蒲

有俗話戲說「種蒲仔生菜瓜」，這兩種都是很有代表性的消暑瓜類。買的時候要手感要沉甸甸的，瓜漿水分才夠，拿起太輕的，內裡可能已經老化，出現菜瓜布的瓜絡了。另外，秋天起東北季風後的絲瓜容易黑，瓜果過了季節就不如夏季的好吃了。

苦瓜

買苦瓜的果瘤要大，間隔要開，果肉才厚實。另外如果表面出現黃化，這代表過熟，這時果肉柔軟不夠脆，也失去苦瓜應有的口感。

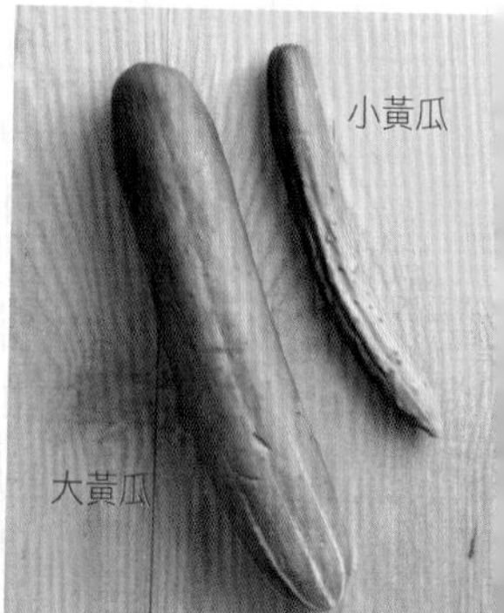

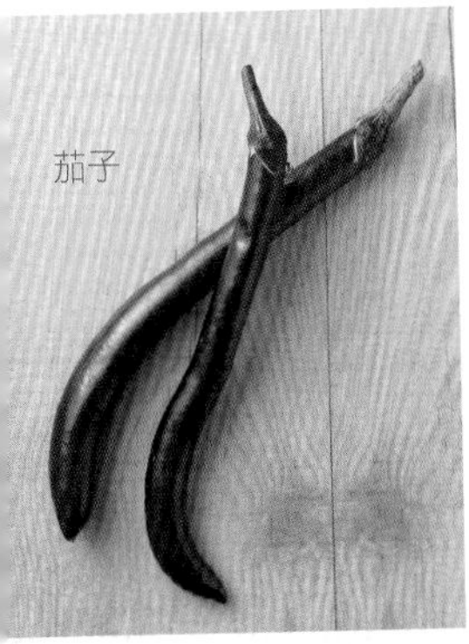

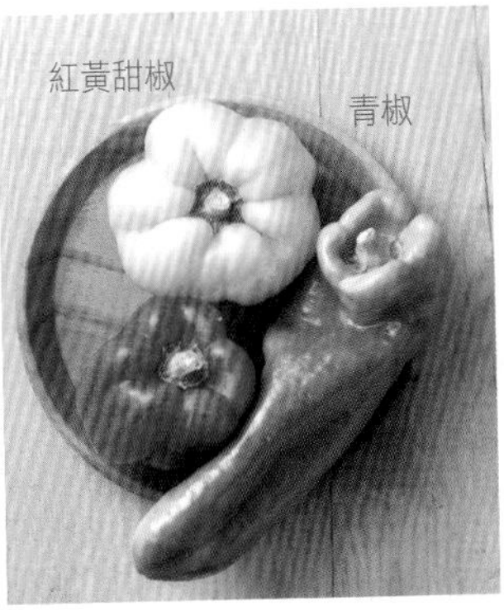

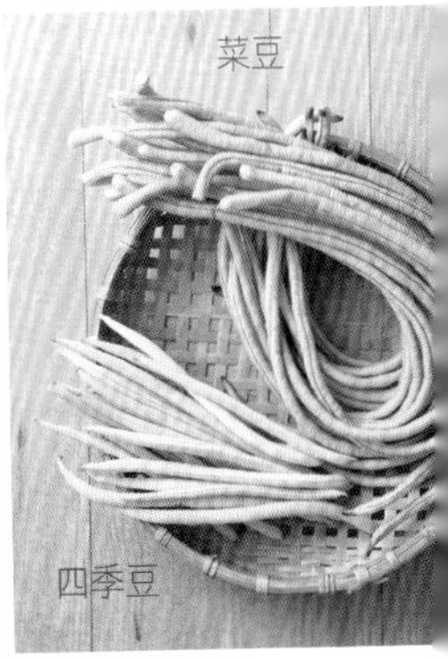

南瓜

在來種是日本漢字，意思是本地種，水分最多，甜度最高，用來炒金瓜米粉最適合，東昇南瓜表皮橘黃，水分中等，我通常會用來燜煮，保留南瓜的表皮和形狀。近來常見的栗子南瓜，水分最少，我會用在講究乾爽口感的金沙南瓜中。

四季豆、菜豆

四季豆和菜豆不耐保存，因為生長活力強，所以買的時候可以摸摸是否結實，摸起來空空的，裡面已經老硬纖維化了。因為豆類甜度高，所以農藥多，清洗要特別留意。

番茄

黑柿種番茄的酸度高、組織結實；牛番茄的質地鬆軟，適合熬煮，沒有酸澀味。選購時不要有蜂蟲叮咬的結痂，摸起來要結實硬挺不軟爛，蒂頭鮮綠有水分，才是新鮮的番茄。而黑柿種番茄要選綠中帶紅的，才不至於過生，口感不佳。

青椒、紅黃甜椒

青椒價格平穩，炒了之後不縮水，是很實惠的蔬食。彩椒口感清甜，很適合生食，但價格較高。選購時注意，果體每一瓣的間隔要大，果肉比較厚，水分比較多。另外果實表面光滑、無萎縮水傷者為佳。

茄子

台灣的茄子要選瘦長、表面薄，頭尾的落差不宜過大，尾端太肥大表示茄子比較老，籽囊也多，口感就不好了。

實吃泡菜，
來自經典花椒味

甜酸泡菜

材料

高麗菜1/2個（約1斤） 紅蘿蔔1段 花椒粒1大匙
紅辣椒1根 冷開水1/2杯

調味料

鹽2小匙 白砂糖2大匙 白醋4大匙

做法

1 高麗菜以手剝片。1 紅蘿蔔以刨刀刨出圓片。
2 以鹽拌勻略放1小時，以粗鹽為佳。2
3 待高麗菜出水變軟後，瀝去水分。3
4 紅辣椒切小段，加上花椒、冷開水、糖、白醋拌勻。放入高麗菜和紅蘿蔔裝入保鮮盒入冰箱冷藏一天即可。4

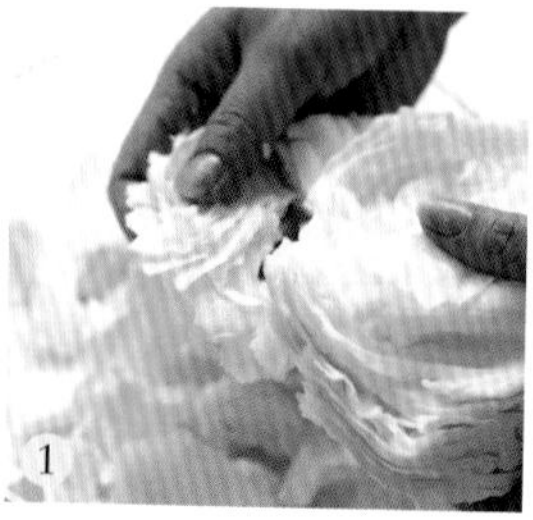
1

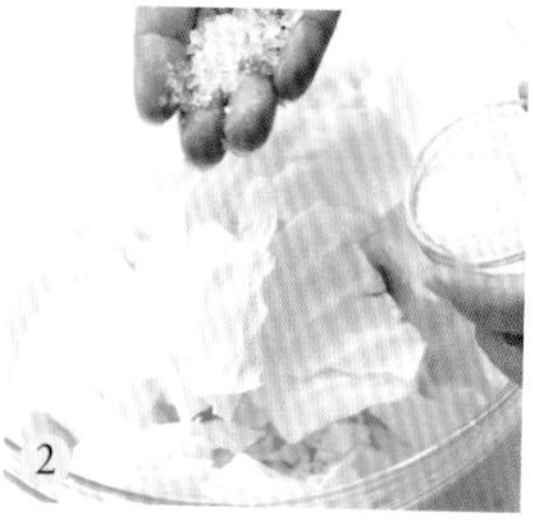
2

3

4

用刨刀輕鬆刨出薄片。

母女QA時間

女兒：如果不喜歡花椒味，有沒有別的做法？

阿芳：這款泡菜如果不用花椒，也可以加點百香果做成果香泡菜，再切一點鳳梨進去，除了帶有當季水果自然的清爽和酸甜，也多一點水果的口感。同樣的食材可以有兩種做法，一點巧思又多一味。

女兒：切菜不會切，切紅蘿蔔切不薄怎麼辦？

阿芳：要做泡菜，蔬菜的大小和厚薄是學問，像紅蘿蔔就要薄才能又脆入味，紅蘿蔔片如果太厚、太大醃不透，可是一點也不好吃，不過不會切也沒關係，有一把夠利的刨刀就好了，將尾端切除，直接用刨刀刨出圓薄片，保證每片都很薄，和用刨刀刨高麗菜絲一樣，是料理上的小撇步。

清涼爽口的夏季好滋味

口水菜

聽到名字不少人可能會嚇一跳，什麼是口水菜，是讓人口水直流的意思嗎？其實說穿了就是日式風味的涼拌山藥，不過山藥因為本身的質地，切開後會有黏滑液，加入醬汁一起吃，黏稠的樣貌，據兒子女友說，還真怕有人以為是不小心流下的口水。但即使如此仍然不減這道菜的魅力，兒子女友吃完之後興沖沖的學了起來，難度沒有，不過一定要選對山藥才對味。

材料

日本山藥1段　蔥花、柴魚片各少許

調味料

醬油1/4杯　味霖1/2杯
冷開水1/4杯　冰塊1/4杯

做法

1 山藥去皮，切成一口大小薄片。
2 將醬汁調好倒入碗中，並將山藥放入。
3 食用時，撒上蔥花和柴魚即可。

簡單蒸熟切丁拌勻，
美味沙拉自己做

馬鈴薯沙拉

我喜歡孩子吃到我親手做的東西開心的表情，這份馬鈴薯沙拉，除了好吃好做，也是我家小妹最愛的食物，兩顆馬鈴薯可以做一整盒保鮮盒，大概兩天就能吃完。我通常把這當成早餐，冰淇淋挖球器一人挖一球放進果凍杯裡，再放上切片的小黃瓜和小番茄，再配一杯牛奶，就是均衡的早餐杯，想讓薯泥更美味，也可再添少許三花奶水，口感更滑順。

材料

馬鈴薯2個　紅蘿蔔1／2根　小黃瓜1條
小番茄1把

調味料

鹽、白胡椒粉各適量　沙拉醬1條

做法

1馬鈴薯洗淨不刨皮，紅蘿蔔刨皮，一同入鍋蒸熟，取出放涼。
2馬鈴薯放涼去皮切丁，紅蘿蔔切丁，撒上鹽及胡椒粉，擠上沙拉醬拌勻入冰箱冷藏。
3食用時，以冰淇淋球器挖出薯泥，配上黃瓜、小番茄即成

冰鎮鮮蔬

蔬食沾裹油水，保持色澤鮮豔

材料

茄子1條　蘆筍1小把　玉米筍1把　沙拉油1小匙

水1／2杯　冰開水1大盆

調味料

魚露2大匙　青、紅辣椒適量

做法

1 茄子去蒂頭及尾部、蘆筍去尾端粗皮 1 ，統一整切為大小一致的型體。

2 在有蓋的鍋中，倒入水及1小匙油，放入食材翻動沾上油水。 2

3 蓋密鍋蓋開火 3 ，煮至鍋邊冒出蒸氣再多煮1～2分鐘熄火。

4 備好冰水，開鍋取出食材立即完全泡入冰水中泡涼 4 ，瀝乾後入冰箱冷藏。

5 食用時以青、紅辣椒切圈狀，調入魚露為醬汁，將冰鎮鮮蔬切盤搭配沾食即可。

母女QA時間

女兒：茄子用水煮，也可以保持顏色鮮豔？

阿芳：茄子遇空氣會氧化，很容易變黑，所以為了保持色澤，多半會先油炸處理，用高溫鎖色。其實要保持茄子水煮後色澤不變並不難，一定要讓食材均勻沾上油水，再者鍋蓋要蓋密，以隔絕空氣，若有氣孔也要用濕毛巾蓋上。最後在冰鎮時，為了避免接觸空氣會氧化，可以在上方加蓋，讓茄子完全浸泡在冰水中，冰鎮之後就不會繼續變黑了。

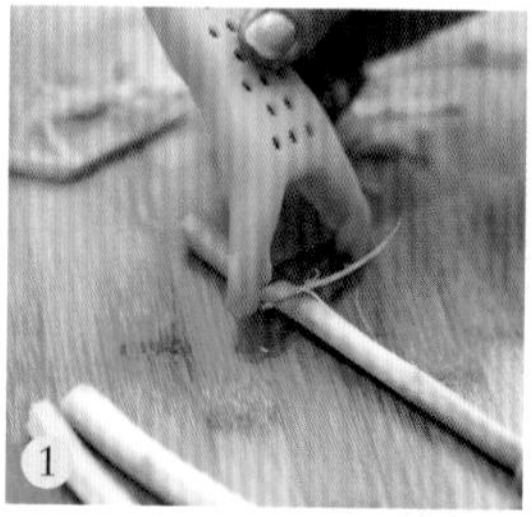

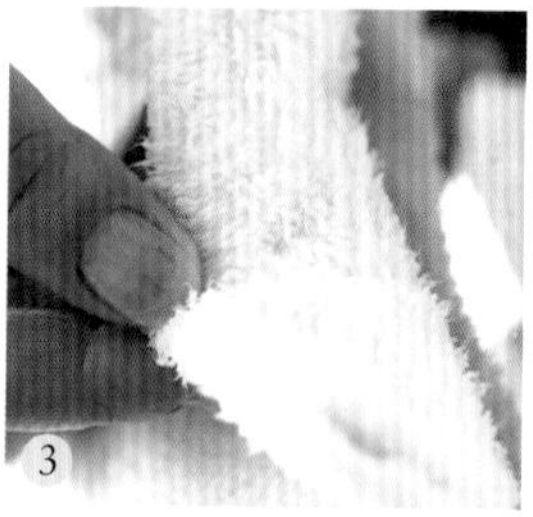

加個盤子，讓茄子完全浸入冰水中。

選對筍子，水煮自然清甜

涼筍

材料

鮮竹筍適量　水1鍋　排骨1小塊（或冰糖1小塊）
沙拉醬適量

做法

1 竹筍肉底略削去，筍尖切開頭洗淨。
2 全部竹筍放入湯鍋，加入排骨或冰糖加水淹過 1 ，蓋上鍋蓋，沸騰後改小火煮50分鐘。（若用快鍋煮至沸騰滿壓發出聲響，以小火再煮5分鐘熄火即可）
3 竹筍浸在煮筍水中浸泡至全涼，再取出包好冷藏。2
4 食用時，剝殼削淨外皮，削去粗老纖維。3
5 切滾刀塊排盤 4 ，搭配沙拉醬即可食用。

母女QA時間

女兒：怎麼煮才能煮出跟水梨一樣的筍子？

阿芳：竹筍要冷水起煮，放排骨是為了增加筍子的鮮甜味，多放兩塊也沒關係。煮好後，一定要在煮筍水中泡到全涼，利用熱脹冷縮的原理，讓筍子可以吸飽水分，自然水嫩。賢慧的媳婦要會過日子，我常會買一支大的烏殼綠，煮筍前將筍子洗得乾乾淨淨，煮好後留筍尖嫩的部分切成筍片，加顆貢丸和煮筍水一起煮，就是快手美味的湯品。剩下肥厚的筍塊，除了做涼筍，也可以切片切絲當成其他菜的配料，最好的保存方式，就是將筍塊和筍湯放涼後一起放入保鮮盒中冷藏，讓筍子保有水分。

根莖類蔬果怎麼買？

相較於容易受氣候影響的葉菜類蔬菜，根莖類的蔬菜相對而言較能儲放，一年四季的價格也相對平穩，選對了、用對了，餐食也更豐富，到底怎麼選怎麼買，其實也是一門大學問。

地瓜、芋頭、馬鈴薯

地瓜很容易發芽，實心空洞就不好吃了，所以一次份量不要買太多。買回來後，放在陰涼通風處即可。

馬鈴薯一樣會長芽眼，挑選時要注意，不要買到滲水的，或是帶綠皮的，已經曬到太陽的馬鈴薯也不建議購買。另外選購馬鈴薯也要細分「薯」性，質地都偏向粉質的國產粉性薯，做馬鈴薯泥口感鬆軟；若要快炒，可選表皮光滑的油性薯會更適合。好吃的芋頭最好是過了農曆七月，也就是中元之後，才不容易水耗，質地也較香鬆。

山藥

山藥是很典型帶有黏質的食材。可以涼拌、可以煮湯，一般料理的山藥可以選國產的紫皮山藥，口感比較鬆軟；如果要涼拌，一定要選白皮的日本山藥，口感清脆，吃起來才對味。購買時，圓鈍頭的部分比連接芽莖的瘦直處不易褐變，可以多加留意。因品種眾多，形體粗胖的山藥較適宜煮湯，不要煮太久，才不會都化掉了。

蘿蔔

從前白蘿蔔是冬天才有的蔬果，現在進口容易，所以一年四季都買得到，品質也穩定，買回來後，蘿蔔的莖頭和臍眼處要先切除，停止生長，才不會長成空心大蘿蔔。

紅蘿蔔屬於收成後冷藏四季販售的常備蔬果，購買時注意表面不要黏滑，以乾爽為佳。

洋蔥

洋蔥品種眾多，國產的以薄皮為佳，因纖維細、入口即化，做沙拉就很適宜。厚皮洋蔥相對辛辣味重，適合煎炒烹調之用。而牛奶洋蔥、紫洋蔥多半用於西餐料理，可以依照料理的需求選購。

竹筍

常見的鮮筍有直挺的麻竹筍，外形較綠竹筍大的變種烏殼綠，還有嬌小的綠竹筍。買筍子在還沒有農業產銷時，要看時間購買，要不天剛亮的清晨，是凌晨剛採好的嫩筍；要不就是黃昏，是小農白天剛掘好的鮮筍，因為放到隔天就筍子就老了，所以買筍時，可以摸摸底部筍肉，不要太乾粗，不要摸到老化纖維，竹筍愈彎，筍肉愈肥。筍頭不要綠，不然就苦了。而鮮筍買回家之後也要儘快料理，以免老化。

桂竹筍

桂竹筍因為形體大，所以一般都在產地先殺青處理過了，在購買時多半已是熟筍。有些商家為使筍子賣相佳，會用藥劑漂白，可用手摸筍頭切面，是否有滑膩感或聞筍頭切面是否有怪味，以上都不宜使用。

玉米筍、茭白筍、蘆筍

這些名為筍，卻又不是筍，但有筍的口感。玉米筍是甜玉米的幼小果穗，茭白筍是菰黑穗菌寄生刺激而生的筍狀莖，而蘆筍則是百合科的植物。認清楚了，才不會鬧笑話。

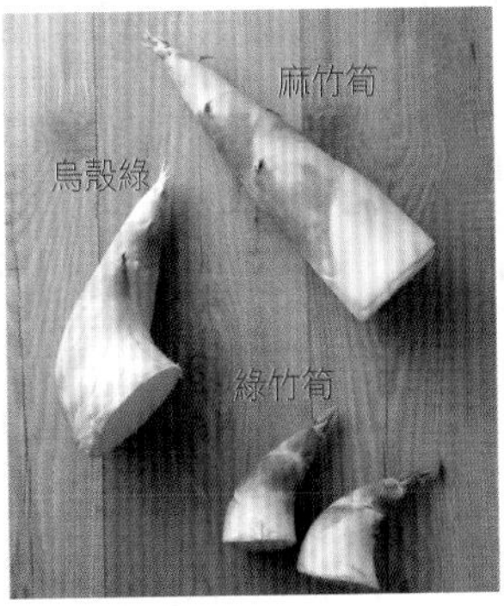

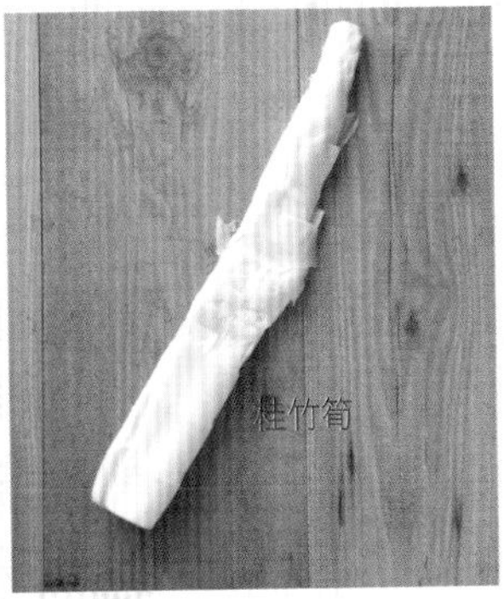

不加任何辛香料，
燜煮出時蔬清甜味

清炒高麗菜

材料

高麗菜1塊（約半斤） 水2大匙

調味料

鹽1/2小匙 糖1小匙

做法

1 高麗菜切長條片狀，剝散。1

2 熱鍋加2大匙油，用手抓放入高麗菜，多翻炒兩下。2

3 先加入調味料略拌。3

4 淋入水炒至鍋底水沸騰 4 ，即可熄火盛盤。

母女QA時間

女兒：如何炒出青菜的脆綠香？

阿芳：炒青菜要記得，熱鍋冷油，冷油爆香辛香料，聞到香味再下菜，因為青菜膨鬆佔滿了鍋子，很多人會擔心燒焦，忍不住加很多水，其實青菜本身含水量高，炒一下水分就會出來，太早加水，反而會炒得太濕軟，失去脆度。

所以青菜瀝乾水分再下鍋，下鍋時用手抓放入，才不會連碗裡的水一起倒進鍋中，青菜炒軟再加少量水煮沸，用水蒸氣的餘熱將菜燜熟，菜自然又綠又脆口。

女兒：除了清炒，青菜還可以怎麼煮？

阿芳：因為同個季節的蔬菜大致就幾種，除了清炒或加蒜頭炒之外，我們家多了幾種做法，從加入皮蛋、打顆蛋黃、佐以蝦醬到炒入培根，都能讓青菜做出餐廳級的好風味。

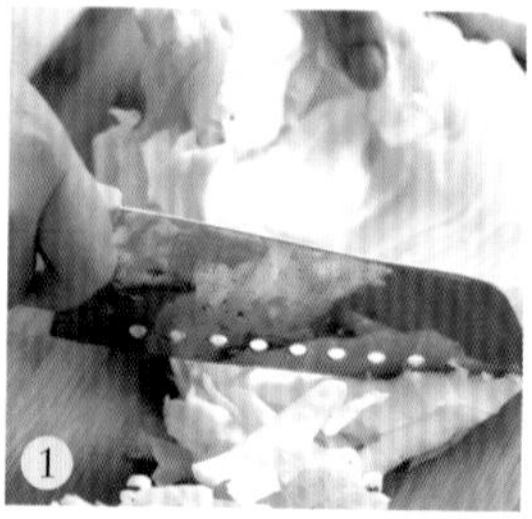

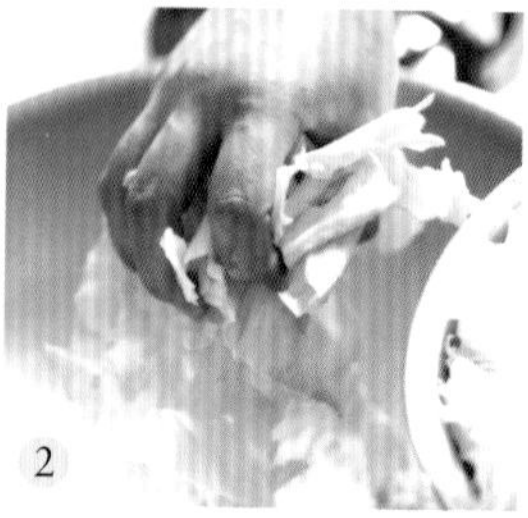

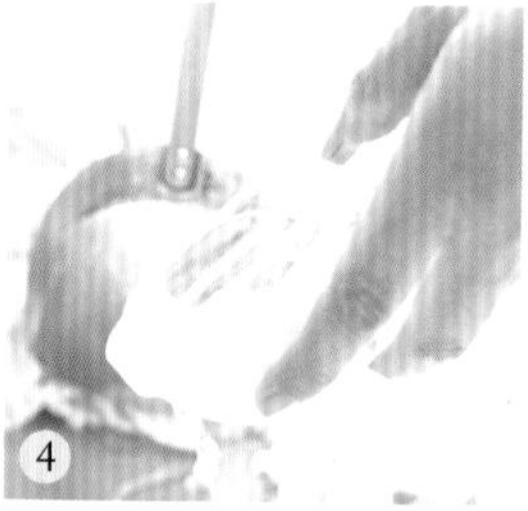

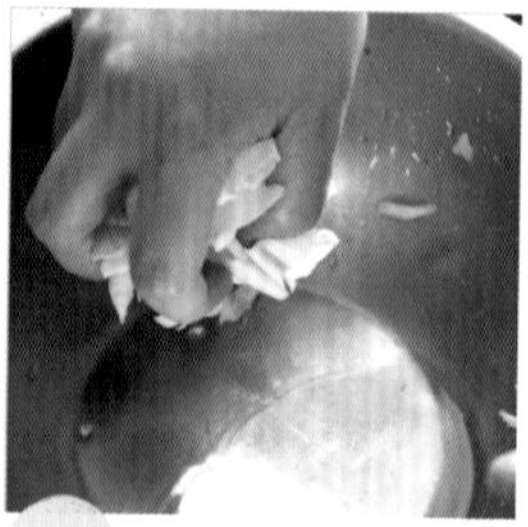

tips 菜要脆，不要連碗底的水一起下鍋。

皮蛋炒地瓜葉

你也可以這樣做：
Q彈皮蛋意外的好口味

材料
地瓜葉1／2斤　皮蛋2個　蒜仁3粒　薑1小塊　紅辣椒1根　青蔥1根　水1杯

調味料
雞粉1／2小匙　鹽適量

做法
1 地瓜菜摘好，皮蛋剝殼一個切為四塊，蒜仁拍切成蒜末，薑切薑絲，青蔥切小蔥段，紅辣椒切斜片。
2 鍋熱3大匙油，爆香蔥段，蒜、薑、辣椒，再下皮蛋炒開，放入地瓜葉翻炒兩下，淋入水即可加蓋煮，至冒出水氣再燜1分鐘，開鍋以雞粉、鹽調味炒勻，即可連湯汁盛盤。

月見龍鬚菜

你也可以這樣做：
嫩滑蛋黃讓青菜不乾澀

材料
龍鬚菜1把　蒜仁2粒　蛋1個

調味料
雞粉、鹽各適量　米酒1大匙

做法
1 龍鬚菜摘成小段，蒜仁拍切成蒜末，蛋分出蛋白和蛋黃。
2 起鍋以2大匙油，加入蒜末爆香，再下龍鬚菜翻炒炒熱。
3 以雞粉和鹽調味，鍋邊淋入米酒炒勻後盛盤，在菜堆中挑出一窩眼，放上蛋黃，上桌立即拌勻食用。

你也可以這樣做：
奶油培根炒出西式風味

培根炒茭白

材料　茭白筍1包　培根2片　蒜仁2粒　水1杯
奶油1小匙

調味料　鹽、白胡椒適量

做法

1 茭白筍對剖切長段，培根切寬段，蒜仁切片。
2 熱鍋放入培根炒出油脂香氣，放入蒜片爆香。
3 再下茭白筍翻炒幾下，淋入水，即可蓋鍋燜煮3分鐘。
4 開鍋將水份略炒乾，以鹽、白胡椒粉調味，熄火前加入少量奶油拌勻提香。

你也可以這樣做：
鹹香蝦醬去除蔬菜生味

蝦醬炒皇宮菜

材料　皇宮菜1把　蒜仁3粒　紅辣椒1根
泰國蝦醬1大匙

調味料　魚露1小匙　糖2小匙

做法

1 皇宮菜摘段，蒜仁拍切成蒜末、紅辣椒切小圈。
2 熱鍋下3大匙油，爆香蒜末、辣椒。
3 蝦醬以鍋鏟抹鍋，炒至蝦醬冒泡香氣溢出，再下皇宮菜翻炒。
4 鍋邊淋入魚露，並以糖調味，炒至菜變翠綠色即可盛盤。

醃漬蔬菜出陳香，
不分季節的纖維素

雪菜炒百頁

材料

雪裡紅1把　百頁1疊　蒜仁2粒　水1杯
小蘇打粉1/4小匙　熱水1杯

調味料

雞粉1小匙　鹽適量　白胡椒粉少許

做法

1 熱水加小蘇打粉調勻，百頁剪成6片加入略泡。1
2 待百頁變白撈出，再泡入熱水略燙後撈起。2
3 雪裡紅切碎，蒜仁拍末。
4 起鍋2大匙油爆香蒜末，加入雪裡紅翻炒。
5 加入百頁水，並以調味料調味炒勻即可。

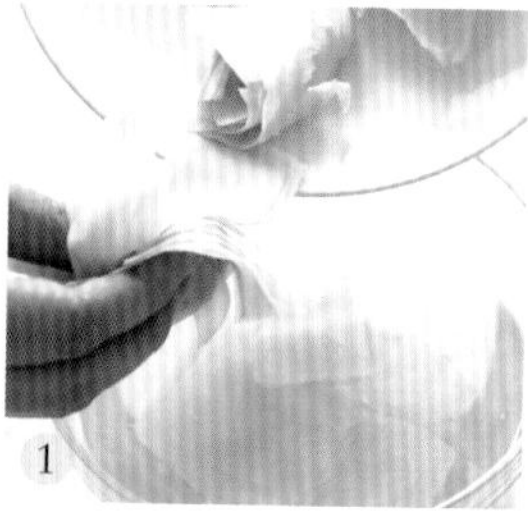

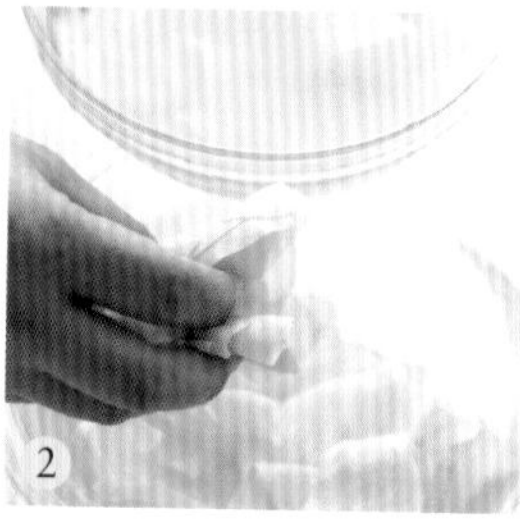

母女QA時間

女兒：什麼是雪裡紅？

阿芳：雪裡紅其實是用小芥菜或小油菜醃漬的鹹菜，也有人用蘿蔔苗來做，醃漬後仍保有此類蔬菜特有的微辛嗆味，炒之前要先泡水去鹹味，完全擰乾水分再切碎，炒豆干、炒筍片都很美味。

女兒：除了常見的雪菜百頁之外，雪菜還可以怎麼炒？

阿芳：這是冰箱可以準備的常備菜──醬油炒雪裡紅，取1把雪裡紅洗淨切碎，2粒蒜仁拍切成蒜末，1小根朝天椒切成圈，熱鍋倒入2大匙冷油，下蒜末辣椒爆香，放入雪裡紅炒出熱氣，淋入2大匙米酒、1大匙醬油和2小匙糖炒勻即可盛盤。雖然很簡單，卻是下飯的快手菜。

雪裡紅

醬油炒雪裡紅

蛋燥、豬皮提昇風味，
經典台菜老滋味

白菜滷

材料

大白菜1顆　扁魚乾4～5條　蒜仁3～4粒　蛋1個
爆豬皮1片　水3杯

調味料

醬油1大匙　鹽1小匙　糖1小匙　白胡椒粉適量

做法

1 大白菜手剝成片，豬皮熱水泡軟切條。1

2 蛋打散，熱鍋下4大匙油，倒下蛋液炒散，炒至蛋花變成蛋燥，撈起。2

3 原鍋放入扁魚煸至呈香酥狀。3

4 放入蒜仁炒到呈金黃色，熗入醬油炒香，加入蛋燥和白菜加入炒勻。4

5 加入水及爆豬皮，並可蓋鍋煮至沸騰，改小火滷煮20分鐘，起鍋前以鹽、糖和白胡椒調味即成。

母女QA時間

女兒：什麼是蛋燥？

阿芳：蛋燥可以說是大廚的祕密，傳統的台菜魚翅羹、西魯肉、佛跳牆，就是偷偷放了蛋燥，蛋經過油炸脫水後的香氣，放在有湯水的羹菜中更為獨特。一般大量蛋燥的做法，會備一鍋熱油，將蛋液透過漏杓倒入成絲狀入鍋。不過，一般家庭的用量不大，直接用鍋鏟將蛋液炒成蛋絲，但一定要有足夠的時間，將蛋汁完全脫水成蛋燥，香氣才足夠。

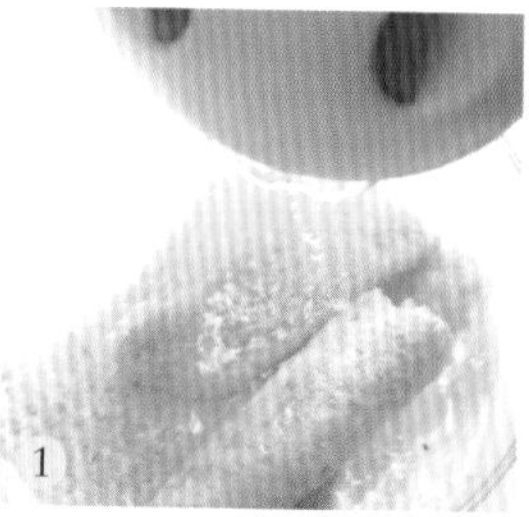

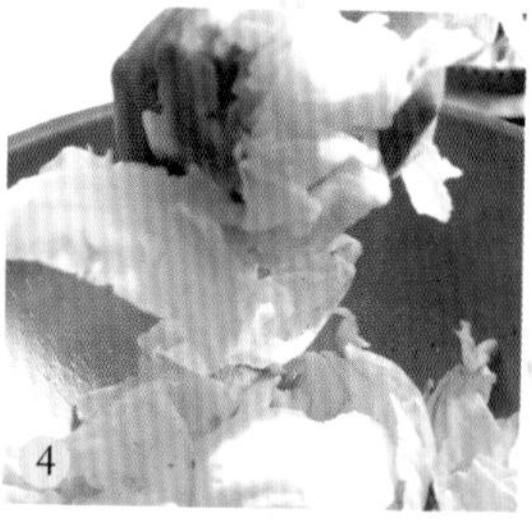

tips 炒蛋燥要多點時間，從嫩黃色炒至脫水不焦。

常見葉菜，蔬菜要這樣挑才好吃

一般小家庭，以四～五口之家而言，每餐最好有兩道蔬菜以維持飲食的均衡，一道菜的份量，一份大約是半斤，以市場中三把五十的葉菜而言，約莫是一把半的份量，看一看這些常見的蔬菜，你都認識嗎？

空心菜、地瓜葉、青江菜

這些是台灣一年四季最常見的蔬菜，常會以三把五十的形態出現在市場和大賣場，是補充纖維素的好選擇，一般建議土耕的會比水耕的好，不致於水分過多，吃起來沒有菜的味道。

土A菜、嫩葉萵苣（大陸妹）

兩者同樣是不結球的萵苣，土A菜又稱鵝仔菜，選購時可以選葉片完整，沒有病斑、顏色翠綠鮮脆為佳。

小白菜、鵝白菜

小白菜非常常見，吃麵喝湯時都會放一把。鮮綠的鵝白菜是小白菜的新品種，葉片較綠、葉子也較堅挺，但風味極為相似。小白菜從播種到採收只需一個月，所以也是颱風後最快上市的蔬菜。

龍鬚菜、皇宮菜

龍鬚菜是最早是佛手瓜的瓜藤，因為口感特殊，目前已經被大規模栽植，從野菜成為日常蔬菜之一。皇宮菜的土味較重且帶黏滑液，但因其營養價值高，可透過調味改善風味，仍是極佳的蔬食選擇。

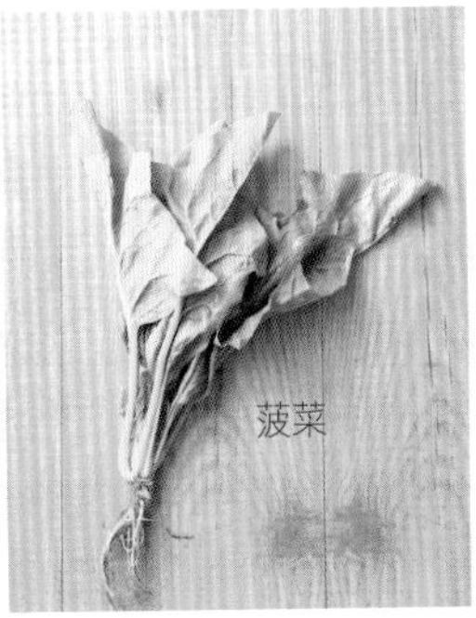

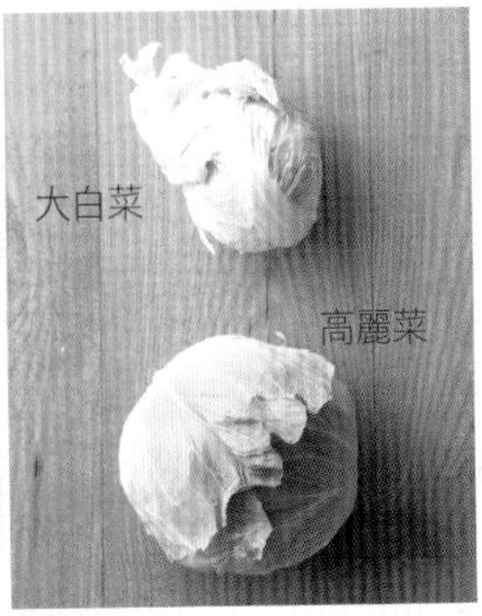

菠菜

又稱波稜菜，這是冬季的蔬菜，因為菠菜根是紅色的，神似鸚鵡嘴，所以有個雅致的名字叫做紅嘴綠鸚哥，根部可食且營養價值高，可別切掉丟棄那就可惜了。

莧菜

台語俗諺說：「六月莧菜水，贏過吃雞腿」，意指此時的莧菜營養價值極高，莧菜是夏季蔬菜，選購時以全株新鮮細嫩，莖細小葉片大為佳，食用時可以連根一起吃。水性高的蔬菜一般都不耐保存，盡量在一～兩天內食用為佳。

大白菜、高麗菜

高麗菜和大白菜都要選擇重量重的，這也代表水分較多，高麗菜可以敲一敲，聲音厚，帶有空音的較佳。大白菜則要注意不要買到長花芽的。

綠花椰菜、白花椰菜

以莖粗、短、不空心，花序緊密不硬結不鬆散，不變黃者為佳，且手感越重者，質量越好。白花椰菜有分綠骨和白骨的，綠骨的口感較佳。綠花椰菜的花序會持續變生長變黃，以三～四天內吃完為佳。

如何挑選

選擇葉菜，當然還是新鮮為第一原則，看起來質地最脆挺，不新鮮的蔬菜很容易失水，葉片或莖部看起來萎弱的狀態，甚至出現葉片水漬化。如果是在超市採買的話，可以注意蔬菜包裝上的日期。

如何清洗和保存

一般而言，蔬菜比較擔心農藥殘留的問題，料理前，以活水不斷沖洗十分鐘左右，記得是在整把沖洗，避免切碎後沖洗，使營養成分流失。

結球類的蔬菜，像大白菜、高麗菜購買後，外葉太綠、纖維太粗的部分可以直接剝除，剖半之後，可以輕鬆取出軸心，沖水時不需剝開，因為結球類蔬菜一般的農藥污染都在外層。

要炒出甜脆，讓四季豆先炒透

甜炒四季豆

材料

四季豆1把（約1/2斤） 蒜仁2粒

水1/2杯

做法

醬油3大匙 糖2大匙

做法

1 四季豆摘去筴筋，捏成段狀，蒜仁拍粗末。

2 熱鍋以2大匙油爆香蒜末成蒜油，下四季豆翻炒至四季豆皆沾上油脂，淋入水蓋鍋，以中火燜3分鐘至水略乾。

3 開鍋加入醬油及糖，炒出醬油糖香氣即可盛盤。

母女QA時間

女兒：四季豆怎麼炒才能入味又清脆？

阿芳：這種做法不知道算不算我家獨有的菜色，口感清脆、帶有蒜香和醬油糖的焦香。因為四季豆是容易帶有生味的蔬菜，所以一定炒過讓四季豆表面包覆油脂，花點時間用一點點水燜到四季豆快熟，再加入醬油、糖，這樣醬汁才會炒得透，不會炒得黑黑髒髒又不入味。

乾煸四季豆

你也可以這樣做：
二次油炸脫去水分更入味

材料

四季豆1斤　蝦米2大匙　絞肉2兩　蒜仁3粒
薑1小段　青蔥2根　辣椒圈半根　太白粉水適量

調味料

醬油2大匙　辣豆瓣醬1大匙　香油1大匙

做法

1 四季豆摘去頭尾筴筋，蝦米泡軟切碎，蒜仁拍蒜末，薑拍破切末，青蔥切蔥花。
2 鍋熱1碗半的油，放入四季豆略炸變鮮綠色即可撈出。
3 油再邊攪動邊升高油溫後，四季豆再回鍋二炸1分鐘，撈出即呈乾煸狀，油鍋盛起。
4 原鍋爆香薑、蒜、蝦米，再下絞肉炒散，加入醬油、辣豆瓣醬炒香，以太白粉水收濃醬汁。
5 再將豆子、蔥花、辣椒圈、香油加入炒勻炒香即可盛盤。

母女QA時間

女兒：什麼是乾煸？

阿芳：所謂乾煸，無論是四季豆、筊白筍、苦瓜、鮮筍……，無非是將這類有口感有水分的蔬菜，經過油炸帶出香味，因為蔬菜本身的水分，一定要用二鍋炸的方式，讓蔬菜表面脫水起皺，在炒的時候，醬汁就很容易附著在表面，口感特別好。

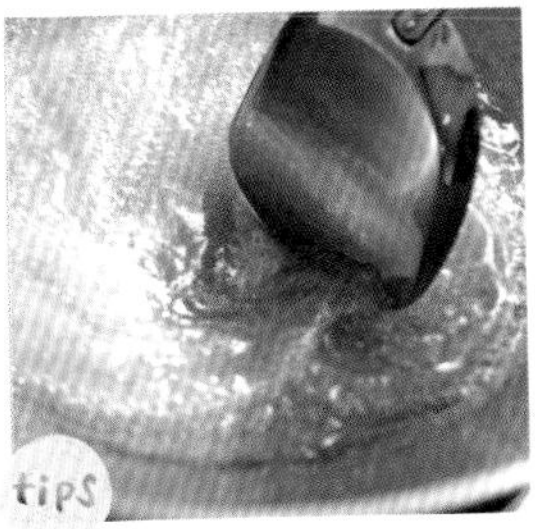

初次炸過撈起後，油要邊攪動升高油溫，去除水分再炸。

一氣呵成的真工夫，
才是美味之道

酸辣土豆絲

材料

薄皮馬鈴薯1個　花椒1大匙　蒜仁3粒　乾辣椒3～4根
青辣椒絲1/2根　薑絲少許

調味料

鹽1/2小匙　雞粉1/2小匙　白醋2大匙

做法

1 馬鈴薯去皮切成細絲，以清水浸泡20分鐘，中間換過一次水。1

2 蒜仁拍末，乾辣椒略沖水切段，馬鈴薯瀝乾水，將青辣椒絲和鹽、雞粉配在馬鈴薯絲下。

3 熱鍋以3大匙油加花椒爆出香氣先熄火，撈出花椒，再下乾辣椒。2

4 炒至顏色變深紅，再加入薑絲和蒜仁炒香。3

5 立即下馬鈴薯絲大火快炒幾下。4

6 白醋沿鍋邊淋下炒勻立即盛盤。5

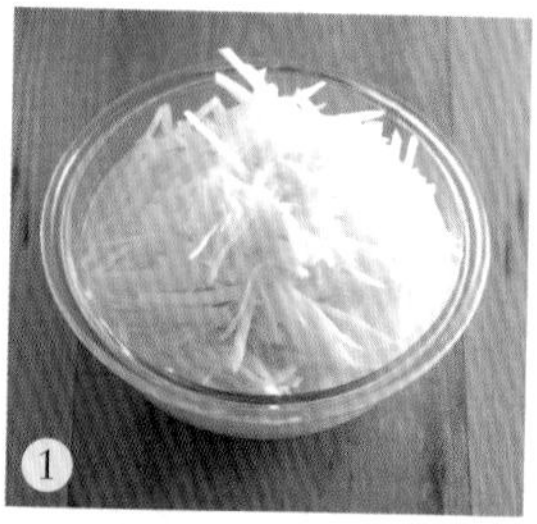

母女QA時間

女兒：土豆絲是什麼？要爽脆又好吃怎麼做？

阿芳：這是中國名菜，在大陸走到哪都有得吃的菜色，台灣卻不那麼常見，聽到土豆還有人以為是花生，其實就是馬鈴薯。不過要做得好吃，也有一些小撇步。

首先是馬鈴薯的挑選，一定要選外表光滑的油性薯，口感才對。再來切絲後一定要泡水去除大部分的澱粉質，並讓水分浸到薯絲中，並徹底瀝乾水分。在炒的時候，先將配料和薯絲混合，講究的是一氣呵成不中斷，表面的澱粉不會糊化，如此一來就能炒出爽脆的口感。

鹹蛋黃包覆表面，
金黃香酥似金沙

金沙南瓜

材料

栗子南瓜1/2個　鹹鴨蛋2個　蒜末2粒　蔥花2根
辣椒圈1/2根　玉米粉2大匙　白胡椒粉適量

做法

1 南瓜帶皮切約1公分片狀，以玉米粉拌勻，鹹蛋敲破殼剖開，挖出蛋黃壓成泥，蛋白以細目撈網壓成碎末。1

2 南瓜片入油鍋炸至浮起撈出，油鍋盛起。2

3 以鍋底餘油，加入鹹蛋黃抹炒成帶香氣蛋油沫。3

4 放入蒜末略炒，南瓜下鍋 4，撒入蔥花、辣椒圈和白胡椒粉炒拌勻即可盛盤，最後撒上蛋白沫即成。

母女QA時間

女兒：為什麼金沙南瓜要用栗子南瓜？

阿芳：因為栗子南瓜的水分最少，不會出水，比較適合金沙乾爽的質地。

女兒：鹹蛋黃要怎麼樣才能完全包覆在食材上？

阿芳：金沙做法是這幾年很流行的菜式，源於廣東，是很能展現廣東菜鍋氣的做法，借由蛋黃油脂香氣，從金沙筊白筍、金沙南瓜、金沙苦瓜都很受歡迎。而金沙的重點要將鹹蛋黃完全炒成油沫，所以鹹蛋黃可以事先壓成泥，炒鹹蛋黃時，油量可以多一點，轉小火拉長時間，用鍋鏟於鍋底抹炒的方式，讓鹹蛋黃完全融成鼓起的金黃油沫，再放入食材快速拌炒，就能完全包覆表面。

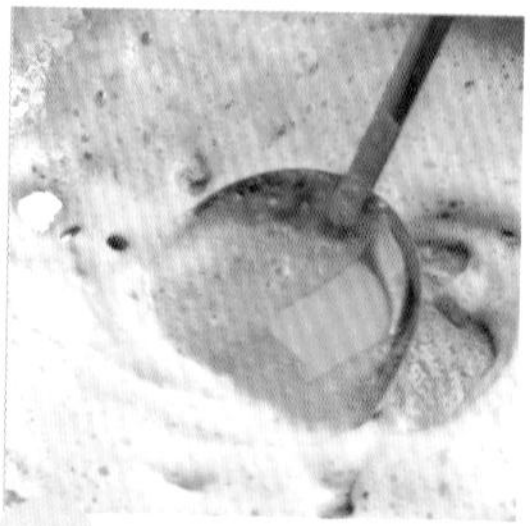

鹹蛋黃要完全炒成油沫，才能下食材。

你也可以這樣做：微甜微鹹的爆米花口感

奶油金沙玉米

這是金沙的變化型，表面是沙沙酥酥的口感，咬開內裡是香甜多汁玉米粒，咀嚼一下，細分口感就像吃爆米花一樣，做這道金沙玉米，玉米粒要先裹上一層玉米粉讓表面乾爽，在炸過之後也讓光滑的玉米粒可以輕易的裹上金沙的味道，是很受歡迎的零食小點。

材料

罐頭玉米粒1罐
玉米粉3～4大匙　鹹鴨蛋2個
奶油1小匙　白砂糖1小匙

做法

1 玉米粒瀝乾湯汁，鹹蛋敲破殼剖開，挖出蛋黃壓成泥。
2 油鍋加熱，玉米粒加上玉米粉拌匀，篩去多餘粉料。
3 入鍋以大火炸約1分鐘至浮起即撈出，油鍋盛起。
4 以鍋底餘油將蛋黃泥炒成油沫，加入玉米粒及奶油快速炒匀，盛於鋪紙的盤上，撒上白糖即成。

母女QA時間

女兒：茄子怎麼炸才能保持鮮紫色，煮好才不會浮一層油？

阿芳：茄子的內層組織就像細嫩的海綿，如果油溫不夠高，熱力壓力不足，所有的油就會吃進茄子裡面，像吸了油的海綿體一樣，經醬汁回燒，油會再釋放出來就像自助餐浮滿了油的炸茄子。所以家庭炸茄子油不能太少，油太少，茄子浮不起來，兩碗油、小家庭三根茄子可分兩次油炸，這是最容易讓油脂達到高溫，鍋子也不空燒的份量。油溫要夠高，丟一塊茄子下鍋，會產生大量的氣泡往外推，就可以下鍋了。

經典茄子味，乾燒好下飯

九層塔燒茄

材料

茄子3條　蒜仁3粒　九層塔1把

太白粉水適量

調味料

醬油3大匙　白醋1大匙　糖1大匙

鹽1/4小匙

做法

1 茄子切去頭尾，切小塊，蒜仁拍成粗蒜末，九層塔摘葉。

2 油鍋燒熱2碗油，油溫要高，茄子分兩次入鍋炸至亮紫色撈出。油鍋盛起。

3 在鍋底餘油內加入蒜末及調味料，再開火炒出香氣，並以太白粉水收成濃芡。

4 九層塔加入拌炒兩下，再下茄段炒勻即盛盤。

改換花椰菜印象，找到全新吃法

糖醋椰菜羹

家常對於媽媽就是簡單方便，我們一家本來不愛吃花椰菜，因為不容易入味，做成糖醋口味之後，全家都愛吃，我大嫂來過試了之後，這道糖醋花椰菜也成了她家的常客，美味的交流從來不是用言語，而是用行動證明。

材料

花椰菜1/2棵　蒜仁3粒　洋蔥1/2個
紅辣椒1根　青蔥2根　水2杯　太白粉水適量

調味料

鹽1小匙　糖1大匙　烏醋3大匙

做法

1 花椰菜削成朵狀，蒜仁拍粗末，洋蔥切粗絲，紅辣椒斜切片，青蔥切段分出蔥白、蔥綠。

2 起鍋以2大匙油爆香蒜末、蔥白、洋蔥、辣椒，加入花椰菜翻炒幾下，加入即可蓋鍋燜煮3分鐘。

3 開鍋以鹽、糖調味，以太白粉水勾濃芡，熄火前加入黑醋、蔥綠炒勻即可盛盤。

母女QA時間

女兒：糖醋花椰菜的料理重點在哪裡？

阿芳：花椰菜是常見的配菜，做法不外乎汆燙沾醬和清炒，其實稍微改變，用糖醋的做法就能讓花椰菜的風味大為不同，也可視為蔬食版的生炒花枝羹，這裡使用的烏醋，是寶島台灣特有的風味，具有蒜味和果香，要起鍋前再加入，才能保有最佳的滋味。

蝦香芋羹

私房家傳，白飯淋芋羹香味再升級

這是我們家外婆的私房菜，做起來頗有上海芋艿的風味，但佐料完全是台式的蝦米、芹菜，說起來可能是僅此一家別無分號的做法，是我念念不忘的芋頭香。

材料

芋頭1個　蝦米3大匙　芹菜2根
玉米粉水少許　水2又1／2杯

調味料

雞粉1／2小匙　鹽1小匙
白胡椒粉1／4小匙

做法

1 芋頭切方丁，蝦米泡軟，芹菜切細末。
2 鍋熱倒入3大匙油，爆香蝦米爆香，加入芋丁翻炒至均勻上油。
3 加入水煮滾，以鹽調味後蓋鍋，燜煮約5分鐘。
4 開鍋拌勻，加入雞粉、白胡椒粉調味炒勻，盛盤趁熱撒上芹菜末。

母女QA時間

女兒：削完芋頭，手好癢為什麼？

阿芳：因為芋頭表皮有豐富的草酸鹼，所以買回芋頭千萬不要洗水，才不會讓手發癢。削皮前用白報紙稍微吸乾水分，就著白報紙將芋頭皮刨掉後，再把屑屑擦乾淨，才能沖水洗淨。如果真的不小心沾濕手碰到芋頭表面，就用廚房常備的醋抹手，再用爐火稍微烘一下，酸鹼中和，手就不癢了。

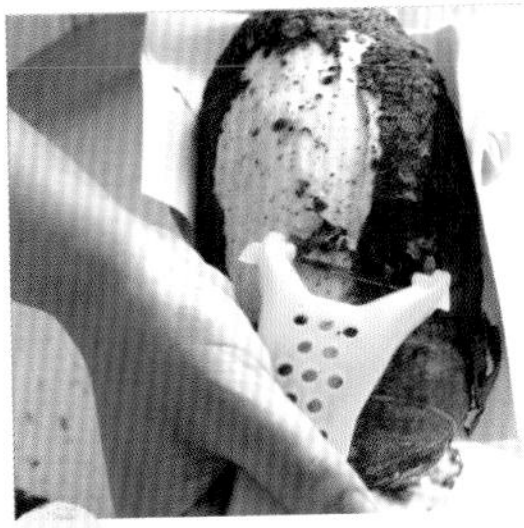

隔著白報紙削芋頭才安全。

不可或缺的辛香料，你用對了嗎？

基本的辛香料雖不是主角，但少了它們料理肯定索然無味，怎麼用、怎麼選、怎麼保存，就用點時間好好的認識一下吧！

辣椒

辣椒有辛辣味，一般以朝天椒的辣度最高，已成熟的紅辣椒一般比未完全成熟的青辣椒辣，如果只是用來配色，可以去籽，以降低辣度。辣椒放久了會因為接觸到空氣裡的水氣變軟，顏色也會變暗，冷藏存放的話最好三到五天內使用完畢。

蒜頭

蒜是一年一產的作物，在農曆年後，舊蒜出清、新蒜上市，這時蒜不宜買太多，因為老蒜乾癟瘦小，新蒜還未曬過，水分過多不香。蒜頭到四、五月後，待蒜頭水分收過，就是買蒜的好時機。一般買回來之後，整粒蒜球要先剝開，最好放在通風處，稍微日曬後的蒜頭會比較香。因為蒜頭脫膜不易，市面上也有賣脫膜的蒜仁，不過因為泡過水，一定要冷藏保存、儘快使用。

薑

在梅雨季後的三、四月，嫩薑開始陸續上市，過了中元，就能看到中薑（粉薑）的踪影，而冬季則是老薑的季節。俗諺說：「冬吃蘿蔔，夏吃薑」，夏天的嫩薑不僅水分多、辣度低，營養價值也高，可以當成蔬菜醃著吃。到了冬天，薑辣素多，辣度提高，做為爆香料和冬季暖身料理則更為合適。

青蔥和九層塔

青蔥用途極廣，蔥白的長短取決於埋土的深淺，愈深蔥白愈長，買回家後可以先把後面綠管的部分切掉，讓水氣散去，蔥會比較香。如果無法快速用完，也可以將蔥頭尾洗淨後晾乾，切成三節含蔥白蔥綠併在一起，束成一把，用乾淨的紙包起來，像火腿一樣，要用時再切，不用解凍直接下鍋即可。

九層塔有綠骨和紅骨之分，綠骨葉子較軟，紅骨香氣較濃，購回保存時，要盡量把水分擦乾，包進袋子並把空氣壓出，不宜放在太冷或太熱的地方，葉子容易變黑，以冰箱冷藏室抽屜為佳。

芹菜

常見的芹菜有兩種，粗的西洋芹，一般被當成蔬菜食用，口感清脆，常用於沙拉、涼拌、快炒。而細的台灣芹菜，因為味道更濃厚，也被視為調味辛香料，台式的海鮮、芋頭料理常會撒上少許芹菜末提味，是介於蔬菜和辛香料間的優質食材。選購時以葉片和葉柄鮮綠，葉柄可以用手折斷者為佳。

乾燥辛香料

除了新鮮的辛香料，也可以準備常備一些乾燥辛香料，花椒、乾辣椒多半用於快炒類的料理，需要用點油煉出香味。桂皮、八角和月桂葉則常用於滷煮的料理，以提升風味。丁香和荳蔻味道較重，丁香常用滷煮牛肉，荳蔻除了做料理之外，著名的印度奶茶中也會添加。這些乾燥的辛香料，保存時間較長，買回來之後，可以分門別類放入密封罐中保存，使用前記得用水沖過。

PART 4

吃海鮮，身在島國最幸福的感動

天然牛磺酸，
冷吃熬煮補充元氣

冷凍醃蜆仔

材料

黃金蜆1斤　蒜仁5粒　薑1小塊　紅辣椒1根
青辣椒1根　冷開水1杯

調味料

魚露3大匙　醬油膏3大匙

做法

1 蜆仔泡在清水中3小時吐沙洗淨瀝乾。1
2 放入保鮮盒，進冷凍庫冰至完全結凍。2
3 蜆仔先用湯匙敲散，蒜仁切粗粒，薑切片丁，辣椒切圈段，放在保鮮盒中。3
4 依序加入上調味料和白開水 4 拌勻後蓋好冷藏醃漬一天，蜆仔即會呈開口狀，並可隨時翻動，試味後即可食用。

母女QA時間

女兒：如何做出多汁不老的醃蜆仔？

阿芳：如果發一張問答卷讓我寫台菜的代表，只有一個空位的話，我會寫醃蜆仔，因為這麼不起眼的食材，卻能透過料理手法表現得那麼好。這裡我用了冷凍法，冷凍會讓貝類的筋膜斷裂，回溫之後讓蜆仔不用煮就會自然鬆弛開口，這時加上泡冷開水和調味料保持水分，就能做出多汁、微開口的鮮嫩蜆仔。

女兒：哥哥用來補充元氣的蒜仁蜆精怎麼做？

阿芳：在家自製蜆精，其實很簡單，一斤黃金蜆仔以清水浸泡半天吐沙，洗淨瀝乾。將蒜仁和蜆仔放入盅碗內，加入兩杯水，移入電鍋蒸燉30分鐘。倒出蜆精，以鹽調味食用。

tips 蒜仁蜆仔精。

花枝、透抽、軟絲，你分得清楚嗎？

「花枝」，正名是金烏賊，肚子有個大大浮板，在市場買到時，多半已脫膜、去浮板。

而長得比花枝清透一點的「軟絲」，正名是白烏賊，反而在採買時可以見到它帶外膜黑色的形體。至於長管形的「透抽」，正式名稱則是劍槍或長槍烏賊。還有一種形體較短小的鎖管也是烏賊的一種，在每年的夏季，可是寶島北部的搶手鮮漁貨。肉質較軟的「魷魚」，多半曬製成乾貨，或是以鹼水泡發成水發魷魚。

這些口足類不管那一種，都得趁鮮料理。採買有分冷凍和新鮮的，挑選時注意要選肉質結實，外膜不要破碎，不用一定得冷凍，才能保存鮮度。

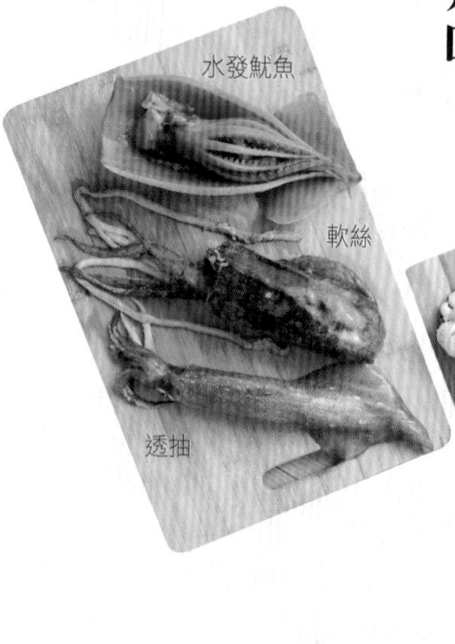

口足類的處理方式

1 劃開眼皮。1
2 取出眼珠。2
3 拉出頭段、取出口器。3
4 取出腹雜和黑墨囊袋。4
5 撕去外膜。5
6 清洗乾淨。6

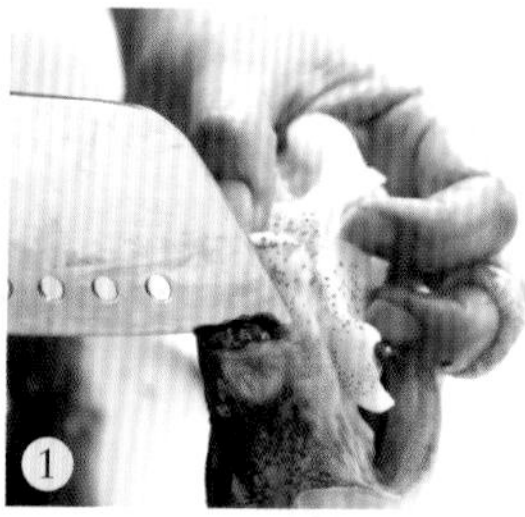

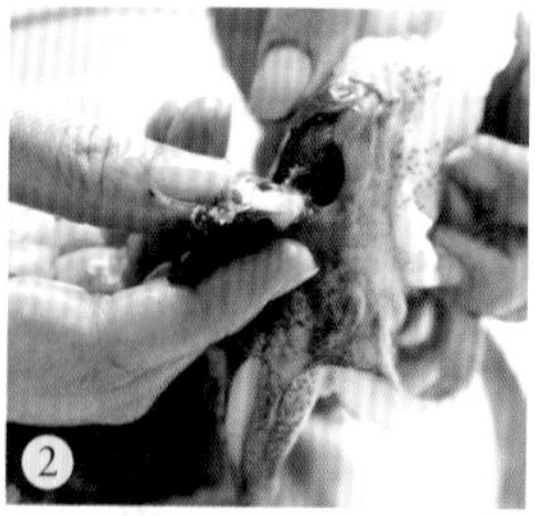

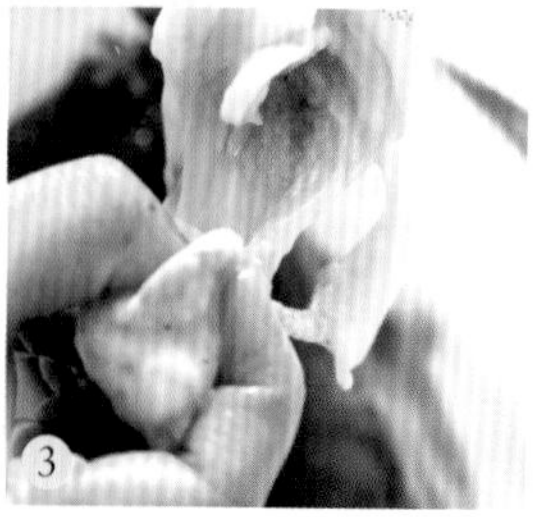

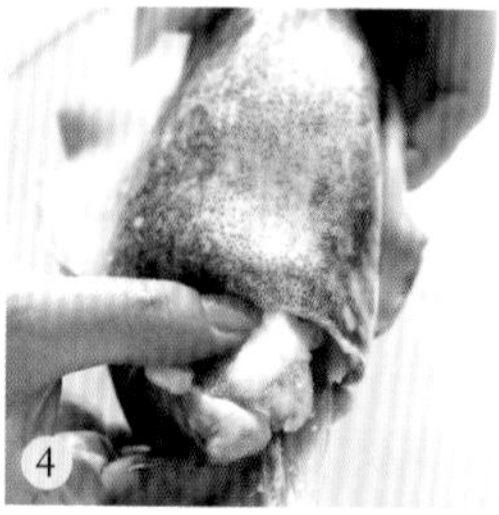

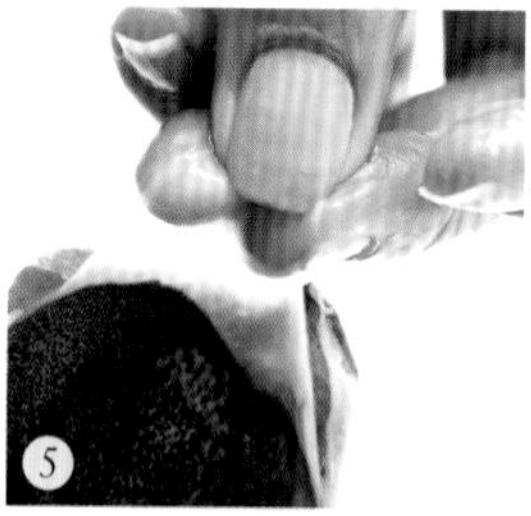

如何刻花才漂亮？

網格花刀——適合較薄身的口足類海鮮

1 攤平魷魚切成三長段。7

2 魷魚向前正放，刀子打斜45度，約0.6～0.7公分劃一斜刀紋。8

3 魷魚打成水平橫放，刀子斜刀每0.6～0.7公分劃一刀紋，每2～3刀切一斷片刀。9

海浪翻卷——適合厚體的口足類海鮮

1 將花枝肚子開成平片，切為三長段。10

2 每一段花枝向前放正，以刀子尖端每0.7公分劃出不到底的縱向切紋。11

3 花枝不需轉向，將刀尖改向從在五點鐘方向往十點方向斜刀身斜45度，從尖端每0.7公分劃刀，約兩刀下一斷刀為雙層海浪片。後端較寬身部位，可以每一斜刀皆為斷刀，即為單層海浪片。12

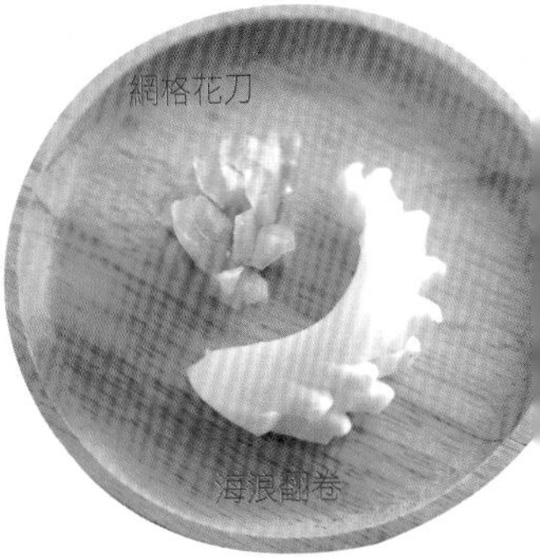

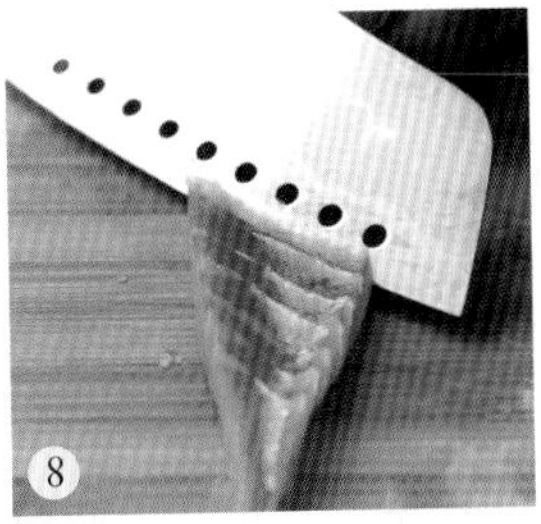

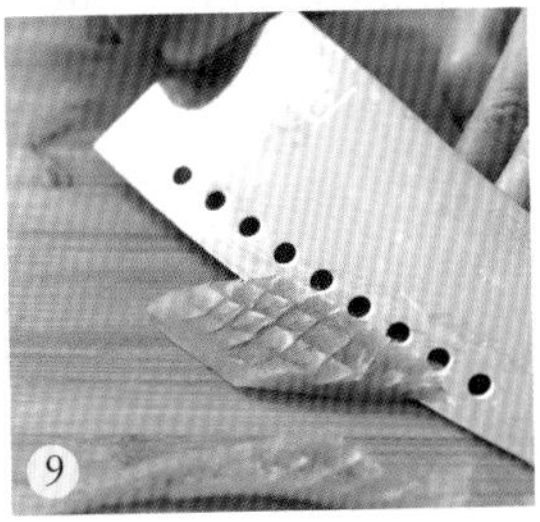

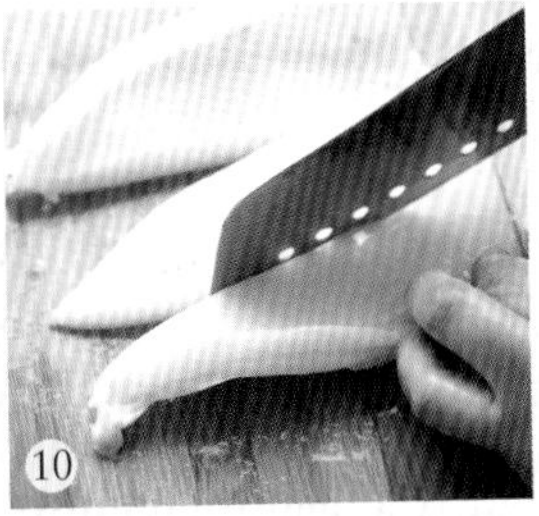

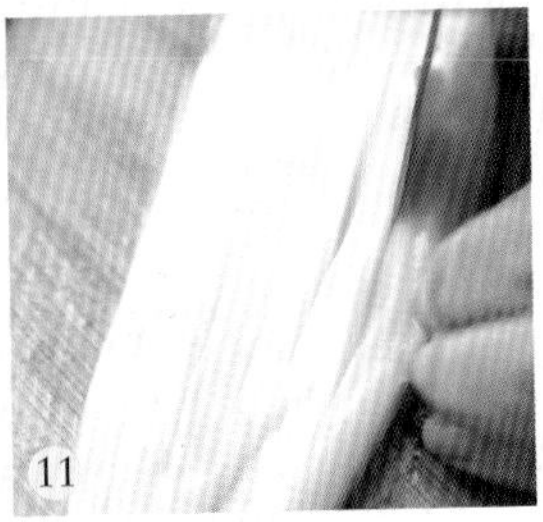

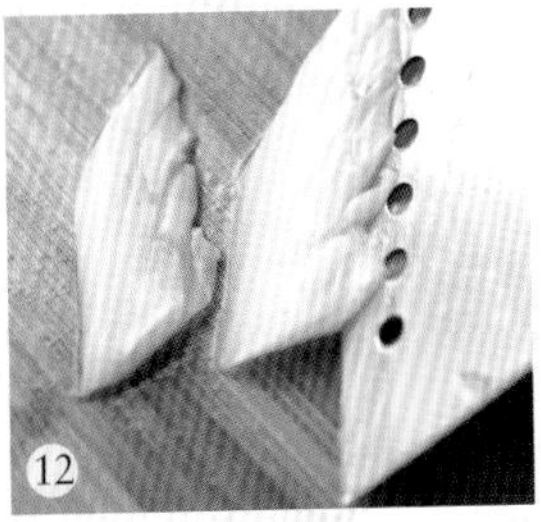

新鮮下鍋，原味最好

薑醋透抽

台灣是海島，海產豐富又新鮮，加上冷凍技術發達，一捕撈上岸就會做急速冷凍，所以很容易可以買到品質很好的口足類海鮮，簡單水煮汆燙就很鮮甜，重點還是食材的品質，而這種做法也最能吃到食物的原味。

材料

透抽1尾　水2杯

醬料

白醋2大匙　糖1大匙　薑1小段

做法

1 薑磨1大匙薑泥，加上調味料調成薑醋。

2 透抽去除內臟，切成圈狀。

3 水燒開至大沸騰，透抽下鍋燙熟，起撈起盛盤，搭配薑醋沾食。

掌握厚薄度，
讓口感爽脆不過硬

祕醬魷魚

到了南部的夜市常常可以看到賣水煮魷魚的攤子，用的就是這種特殊的醬料。而我因為哥哥以前批發海鮮乾貨，所以我總有切不完的魷魚，刻不完的花，也練就了我的刻花技術，其實刻花除了美觀，最主要還是為了讓魷魚快熟，厚薄掌握一致才是魷魚刻花的真正目的，可不要本末倒置了。

材料

水發活魷魚1隻

醬料

味噌1大匙　番茄醬3大匙　糖1大匙
香油2小匙　薑1塊　山葵醬少許

做法

1 魷魚切網格花刀切片，以清水略泡。
2 薑磨出2大匙薑泥，加入其餘醬料調成沾醬，各視個人喜好山葵醬提味。
3 燒開兩杯水，將水發魷魚下鍋燙至翻卷，即可撈出搭配沾醬食用。

熗活蝦

蔥薑去腥，熗出鮮蝦原味

蝦有龍蝦、明蝦、草蝦，在我看來大蝦雖然賣相好，但真的好吃，還是個頭小，肉質細又甜的沙蝦，重點在蝦子要新鮮，而以米酒和蔥熗出來的活蝦，用料簡單，卻能提出鮮蝦最清甜的滋味。

材料

鮮蝦1/2斤　青蔥1根　薑1小段

水1/2杯

調味料

白醋2大匙　白糖2小匙　米酒2大匙

做法

1 青蔥切段，薑切下2片，再磨出1大匙薑泥以白醋、糖調成薑醋。

2 鮮蝦洗淨倒到鍋中，加上蔥段、薑片，淋上米酒及1/2杯水，蓋上鍋蓋開火，煮至冒出水汽。

3 開鍋以鏟翻炒，至蝦殼由深色變紅，蓋鍋熄火多燜1分鐘。

4 蝦子帶微汁盛盤，搭配薑醋沾食。

你也可以這樣做：
醉汁變化不同風味

紹興醉蝦

有時候買了一大份蝦，我會一次燴好，一半當天吃，剩下的一半就用醉汁泡著隔天再吃，一種蝦子有兩種吃法，而冰冰涼涼的風味也是盛夏中最開胃的廚房小菜。

材料

燴活蝦1份　枸杞1大匙　當歸1片

調味料

鹽1/8小匙　紹興酒4大匙

做法

1 枸杞當歸片放在保鮮盒，以熱水淋燙，倒去水分。

2 燴熟蝦子連汁倒入盒中，加上鹽及紹興酒，蓋上盒蓋搖勻，放入冰箱冰涼後即成。

鍋寬、火旺、水氣足，蒸魚的不二法門

清蒸鮮魚

材料

鮮魚1條（約1斤） 薑1段 青蔥絲3根
沙拉油2大匙 香油2大匙 辣椒絲半根

調味料

米酒2大匙 醬油3大匙

做法

1 薑切3～4條粗條，再切1小撮薑絲與蔥絲、辣椒絲一起以清水略泡10分鐘。
2 魚從背鰭厚肉部位劃開背肉至中骨處，兩面皆要劃刀。1
3 薑條排在盤中，放上鮮魚，讓魚透氣產熱對流，淋上米酒，移入沸騰蒸鍋中，大火蒸約8分鐘。2
4 開蓋淋上醬油，再多蒸30秒。3
5 蔥薑絲瀝去水分，在小鍋中加熱沙拉油及香油，將蔥、薑、辣椒絲入油快炒出香氣。4
6 將蔥薑絲連油一併淋在出鍋的魚上即成。5

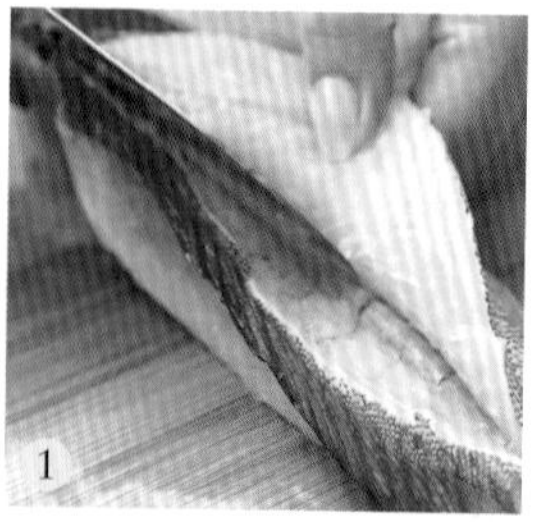

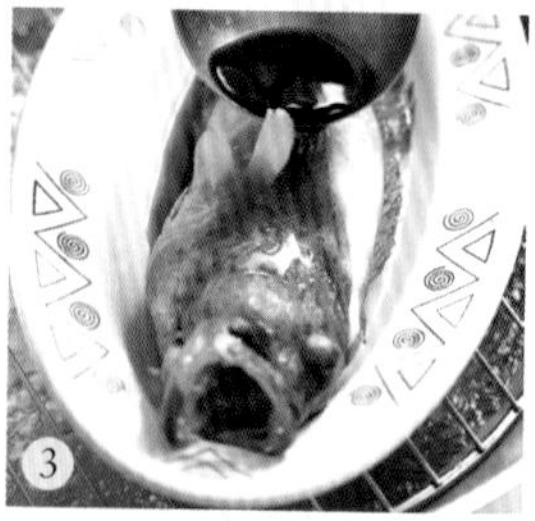

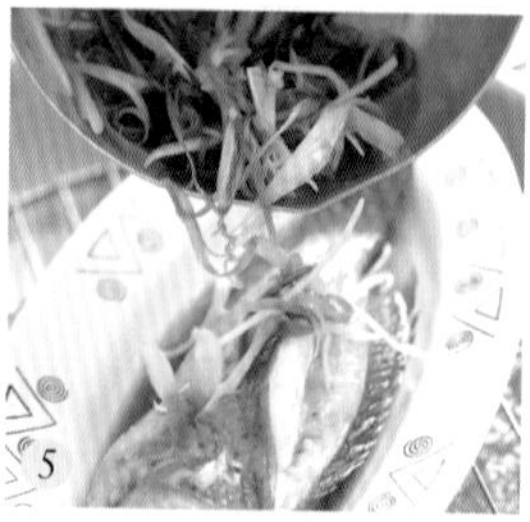

母女QA時間

女兒：蒸魚時間有公式可以計算嗎？

阿芳：我到外面上課常會問學生蒸魚要幾分鐘，十個中有八個人會回答八分鐘，但到底為什麼？幾乎沒有人回答得出來，我們買一尾魚重量多半在一斤左右，而蒸魚二兩重，需要蒸一分鐘，一斤是十六兩，而八分鐘的謎題也就揭開了。

女兒：為什麼蒸魚要劃刀是劃在背部，不是在腹部？

阿芳：一般用來清蒸的魚如：石斑、鱸魚因為背部肉厚，所以刀要劃在背部，而且要劃到中骨，這樣一來魚才不會蒸不熟。像吳郭魚、尼羅紅魚的魚身扁平，可以直接在魚上劃斜刀，完全是看魚的種類。

你也可以這樣做：
酸辣泰式風味更開胃

檸檬蒸魚

在城市中在家有一棵果樹是一種美好的嚮往，卻不容易達成，而我家的這棵檸檬樹就帶著些許的浪漫想像。從南部搬回來家裡，從買回來樹上只有兩顆檸檬開始，友人說：「總有一天你家的檸檬樹會結實纍纍」，檸檬樹擁有了充足的陽光，加上經常修剪，我們果然度過了許多枝頭滿是檸檬的好日子。雖然如此，要自足自給當然是不可能的事，但看到滿是檸檬的時候，總讓人覺得該做做充滿檸檬的菜色。

母女QA時間

女兒：檸檬魚要加檸檬汁，沒有榨汁機，怎麼快速擠出檸檬汁？

阿芳：這點可以和愛用檸檬的泰國人學，將檸檬從蒂頭旁以縱切的方式切下，避開了子房，取汁只要用手對折，用湯匙擠壓，就可以輕鬆取汁。

材料　去骨魚片1份（約1斤）　蒜末3大匙
紅辣椒末1小匙　香菜末1小把　檸檬1個

調味料　魚露2大匙　糖2小匙　熱開水1/2杯

做法

1 鮮魚從背鰭厚肉部位劃開背肉至中骨處，排在盤中。
2 移入沸騰蒸鍋，以旺火沸水，大火蒸約7～8分鐘。
3 將蒜末、辣椒和魚露、糖、熱開水調勻，淋在魚身上，再以旺火多蒸1分鐘。
4 出鍋前，擠上檸檬汁，撒上香菜末即成。

tips 檸檬從蒂頭旁以縱切的方式切下。

tips 我家有顆檸檬樹。

有種滋味叫鄉愁

有一次在節目裡示範煎土魠魚，我和焦哥一面解釋做法，一面說起土魠魚的身價和味道精彩之處，焦哥聽著似乎好奇，但言談對土魠魚卻有些陌生。然而後面的攝影師卻是頻頻點頭，一副很能理解的樣子。一問之下，果然，也是從南部離鄉背井北上打拚的年輕人。

「人離鄉賤，物離鄉貴」這也許稱得上南部特有的「土魠魚情結」，我記得以前台南的媽媽，常常會買上一整尾土魠魚，自己分切包裝，一片片的包起來，自己惦量著這幾片要給大兒子、這幾片要給二女兒、還有三女兒，各別打包、冷凍寄出，不論是在外工作的兒子，嫁到台北的女兒都不會遺漏，剩下的一點魚尾和魚骨，媽媽才留給自己煮成味噌湯，一整尾魚絲毫都不浪費。而家就從一尾土魠魚開始，維繫起一整個家族的情感，透過分食共享，我們這些分散四方的孩子再次嚐到了故鄉的滋味，也從中得到了一些心靈的安慰。

即使人不在台南，仍然可以收到來自媽媽的土產。不上菜市場的人大概不知道，這一尾土魠魚至少也要上千元，所以一片魚也要兩百多塊，對於不懂行的人來說，大概不太能理解土魠魚對南部人的價值所在。

當然以實際面說土魠魚，一來是近海捕撈，非養殖魚種，符合了台灣人對現撈仔的迷戀。而就口感而言，土魠魚不僅有豐富的油脂，魚肉環狀的結構吃起來特別的有彈性，魚肉厚實沒有細刺，不論是老人家或小孩都很適合吃，比起虱目魚來又更親民了一點。不過這些都還是其次，有誰能拒絕從小吃到大的記憶美味，才是真正無可取代的經典之處吧！

簡單鹽煎，
吃出濃濃的思鄉味

鹽煎土魠魚

材料

土魠魚1片　辣椒1根

調味料

鹽1/2小匙　醬油2大匙　白醋1小匙

做法

1 土魠魚以鹽抹勻略放10分鐘。1

2 辣椒切小圈加入醬油、白醋調成辣椒醬油。

3 鍋燒熱2大匙油，以鍋鏟放入土魠魚。2

4 中火煎約2分半，翻面再煎另一面約2分半。3

5 兩面金黃上色後，改大火升高油溫，再將兩面各多煎一次，即可盛盤搭配辣椒醬以沾食。4

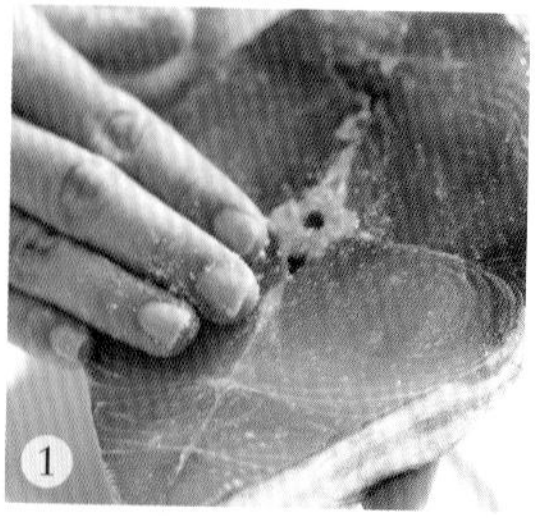

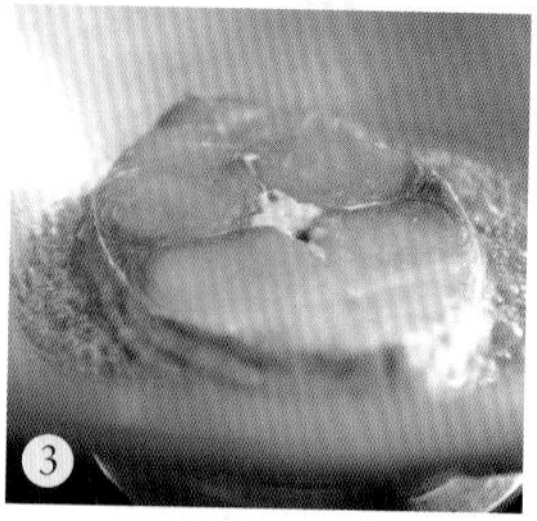

母女QA時間

女兒：吃剩下來的土魠魚要怎麼辦？

阿芳：做成我最愛的土魠魚粥吧！直接盛一碗白飯，把剩下的土魠魚捏成碎丁放在飯上，撒上油蔥酥、香菜末及胡椒粉，取一碗排骨湯加熱至沸騰，沖到飯碗中拌勻就OK了。

準備一碗排骨湯，加上土魠魚

快速土魠魚粥

香煎魚肚

底下有火，鍋內有聲時千萬不能開蓋

材料　虱目魚肚1副

調味料　鹽1／2小匙　白胡椒粉適量

做法

1 虱目魚肚以水快沖瀝乾，以手抓鹽抹在魚肚兩面。1

2 炒鍋加熱，再放入1大匙油加熱，以鍋鏟托起魚肚，肉面向下先煎。2

3 蓋鍋以中火煎1分半鐘，將爐火先關熄，再開鍋，以鍋鏟托起翻面。3

4 蓋上鍋蓋再開中火，煎約2分鐘至油爆聲變小後先熄火（中間過程不開蓋防止油爆）。

5 開鍋蓋取出魚肚翻面，香酥皮面向上盛盤，趁熱撒上白胡椒粉提香。4

母女QA時間

女兒：虱目魚要怎麼處理？

阿芳：以前虱目魚不好買，要吃常常都得從台南帶上來，現在市場、量販店都有販售去好刺的魚肚真空包，吃一片煎魚肚不再是困難的事。我建議大家直接購無刺的虱目魚，如果是帶刺的，也千萬別在表面劃刀，一尾虱目魚有二百二十六根刺，魚刺形狀像羽毛一樣，如果從中斬斷就更不好挑了。

女兒：為什麼要肉先煎，不能皮先煎？

阿芳：虱目魚肚會油爆是因為擁有豐富的膠質水分和油脂。所以要肉面向下讓溫度慢慢回到皮面，反彈的力道就不會這麼強。聽到沒有聲音了再翻面，不過煎虱目魚時在翻面時，也要先熄火才能開蓋翻面，而且盛盤時一定要魚皮向下，才不會因為水蒸氣把魚皮捂軟了。

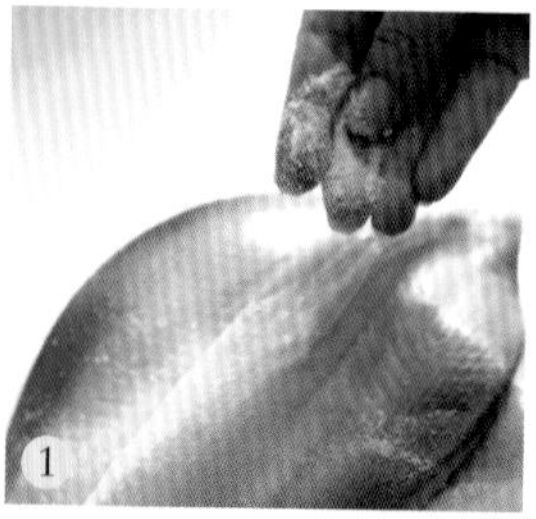

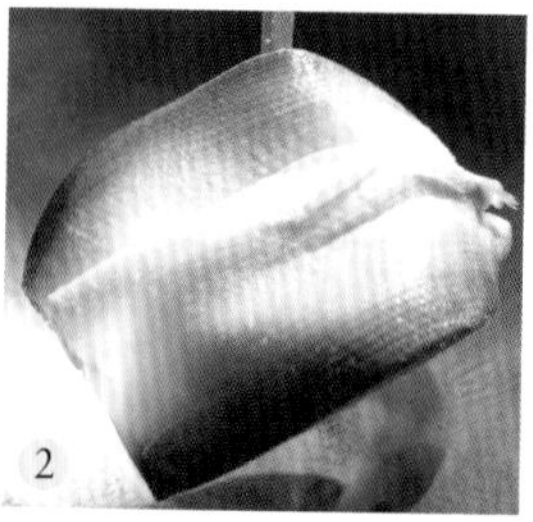

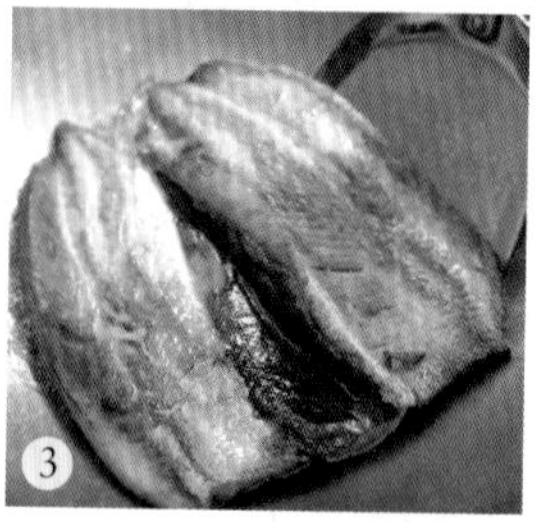

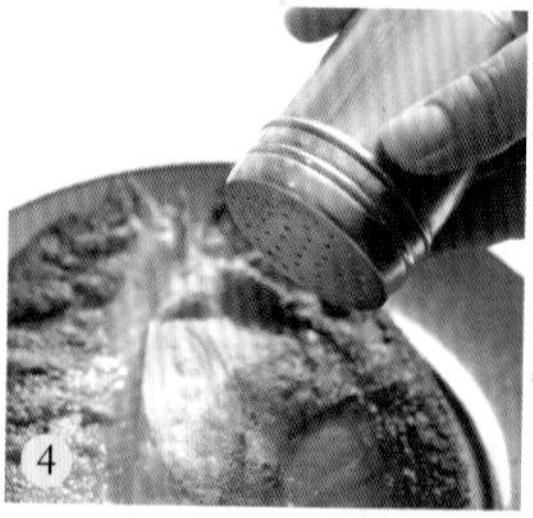

tips　整尾虱目魚和處理過的虱目魚肚。

鍋塌做法讓白肉魚不再索然無味

麥年煎魚佐和風沙拉

因為料理成就了我，所以我也一直很惜福，儘可能的不浪費食材，所以錄影時的其他師傅沒帶走的食材，最後都會出現在我的保冷袋裡，有一次回家打開保冷袋，就看到了一大袋魴魚，魴魚的魚肉厚細嫩且刺少，但在魚肉本身沒什麼風味，其實我並不太使用。但為了不浪費，只好從料理手法來改善。

這種麥年煎魚其實是中華料理中鍋塌的手法，借麵粉鎖住肉汁，用蛋汁煎出香氣，而料理的成果也很讓人滿意，第二天女兒回家說：「今天便當好好吃喔！」於是這道麥年煎魚也開始進駐我家餐桌了。

材料

白肉魚片2片　生菜1／4個　蛋1個
麵粉2大匙　紅番茄5～6粒

調味料

鹽1／4小匙　白胡椒粉少許　和風沙拉醬適量

做法

1 生菜切段入保鮮盒加冷開水搖過，倒去水分即可入冰箱冷藏。1

2 魚肉斜刀切片，加入鹽、胡椒粉抓勻，再拌上乾麵粉。2

3 蛋打散，平底鍋熱少許油，魚肉沾上蛋汁。3

4 入鍋煎至蛋皮上金黃色，發出蛋香即可盛盤 4 ，搭配生菜、番茄，並淋上和風沙拉醬佐味。

1

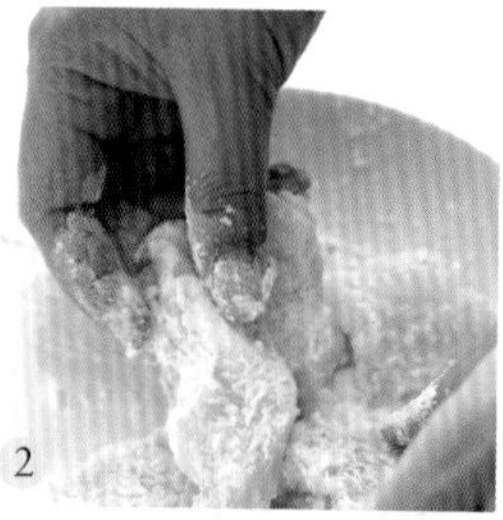
2

3

4

用醬油糖燒出不敗經典魚料理

紅燒吳郭魚

吳郭魚在許多人心中是很廉價的魚，其實它的魚肉多、肉質細嫩，只要沒有土味，是很經濟實惠又美味的好食材。做成紅燒風味是在自助餐店很經典的菜色，也是我們家餐桌的常客，我先生想到了、嘴饞了，就會到賣場逛逛再帶尾吳郭魚回家，其實做法出乎意料的簡單，一鍋到底不費力，學會了煎魚，不妨試試看怎麼煮都好吃的紅燒魚吧！

材料

吳郭魚1條　蒜仁3粒　青蔥3根　紅辣椒1根　水1杯

調味料

醬油3大匙　糖2大匙　米酒1大匙

做法

1 吳郭魚洗淨在兩面腹肉上各劃兩斜刀 1，蒜仁拍粗末，青蔥切段，紅辣椒斜切片。

2 熱鍋加兩大匙油熱油，下魚先煎一面至金黃，再翻面煎另一面，至外皮上色。

3 放入蒜末、辣椒、蔥白爆香，淋入醬油、糖水推勻蓋鍋，以中火煮3分鐘。

4 開鍋，以鍋鏟淋入上鍋內湯汁於魚身，煮至湯汁亮油，鍋邊淋入米酒和蔥綠拌勻即可盛盤。

母女QA時間

女兒：為什麼有些吳郭魚有土味？

阿芳：土味的來源，其實從養殖就決定了，吃到藻類的吳郭魚會留下藻類的土味，近年來養殖技術進步，已經很少會買到有土味的吳郭魚了，通常我會選擇在量販店購。

女兒：帶便當最好吃的旗魚可以怎麼煮？

阿芳：把二砂糖換成黑糖，試試看黑糖旗魚吧！鍋熱一大匙油，將旗魚兩片下鍋煎至上色，再翻面略煎至兩面上色，淋上三大匙醬油、兩大匙黑糖和薑絲一同煮出香氣，再加兩大匙水煮至湯汁發亮收濃，熄火前加兩大匙米酒提香即成。

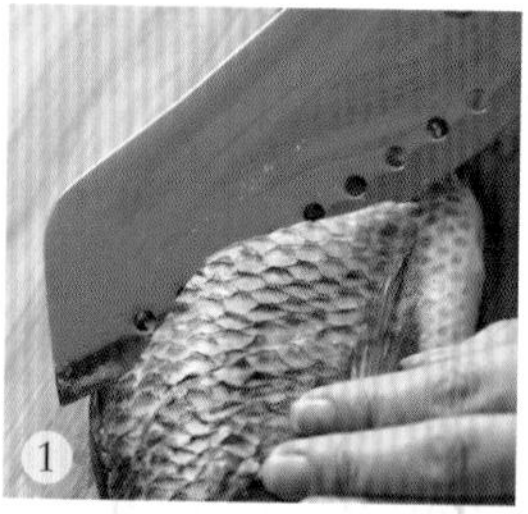

tips 黑糖旗魚

阿嬤的最愛，
拜拜炸魚的華麗變身

古早味五柳枝

這是我母親的最愛魚的料理，也是傳統上的惜福做法，過年時家家戶戶不免要一尾年年有魚，要讓炸魚可以上桌被吃光光，自然免不了一些加工。這道五柳枝就是徹底利用年節蔬菜的邊邊角角，通通切絲一起煮燴，再淋到炸過的魚身上，所謂五柳指的也就是五色蔬菜絲。不同顏色的蔬菜絲在視覺上五顏六色、繽紛多彩，加上台灣烏醋的特有香氣，做為年節料理澎湃又大氣，是非常經典的魚料理。

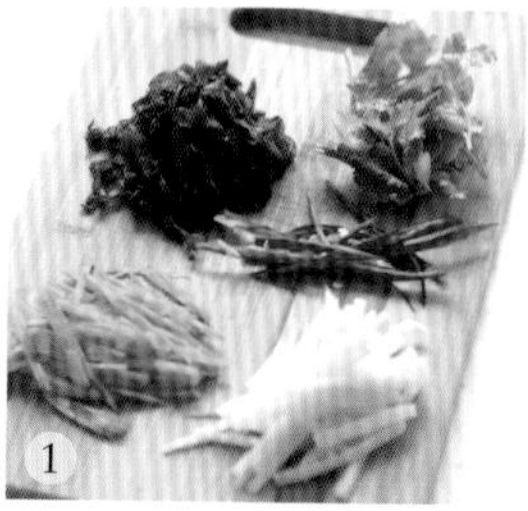
1

tips 炸魚再利用。

材料

鮮魚1條　蒜末3大匙　紅辣椒　洋蔥1／4個
黑木耳2片　紅蘿蔔1段　熟竹筍1小塊　水2杯
香菜1小把　地瓜粉1／2杯　地瓜粉水適量

調味料

鹽1／2小匙　白胡椒粉1／4小匙　糖1大匙
烏醋4大匙

做法

1 鮮魚在肉身上斜刀各劃出兩刀，在魚身上沾上地瓜粉略放5分鐘。
2 各項材料切成條絲狀。1
3 起油鍋將魚入鍋炸至兩面金黃香酥撈出，在魚身上撒上胡椒提香，油鍋盛起。
4 以鍋中餘油，爆香蒜末、洋蔥絲，再下各項料絲略炒加入水煮開，並以鹽、糖、胡椒調味，以地瓜粉水勾芡。
5 最後加入烏醋帶出酥香味，熄火前將香菜段加入，即可淋至炸魚身上。

家魚圖鑑，你認識幾種？

在台灣餐桌上有魚是很合理的事，不過會吃煮好的魚，沒煮過的魚，你又認識幾種呢？到底怎麼選、怎麼買、怎麼吃？其實都有學問在。

購買原則

購買鮮魚，不論是在菜市場或是在大賣場，都可以用視覺、觸覺來挑選，摸摸看肉質是否結實，不要有滲水腐爛的感覺，如果是全魚可以檢查一下眼睛和鰓。魚眼睛不要混濁，翻開鰓不要太暗沉，當然太過鮮紅也不是好事，可能有加藥水，需要多加留心。

因為台灣四季的氣候溫度偏高，購買魚類最好帶一個保冷袋，一般賣場有提供冰塊，就放進保冷袋中，以免在來回間讓魚失去鮮度。冰塊是另外包一袋，不要直接和魚放在一起，因為魚肉會吸水，在烹煮時會影響魚的口感。

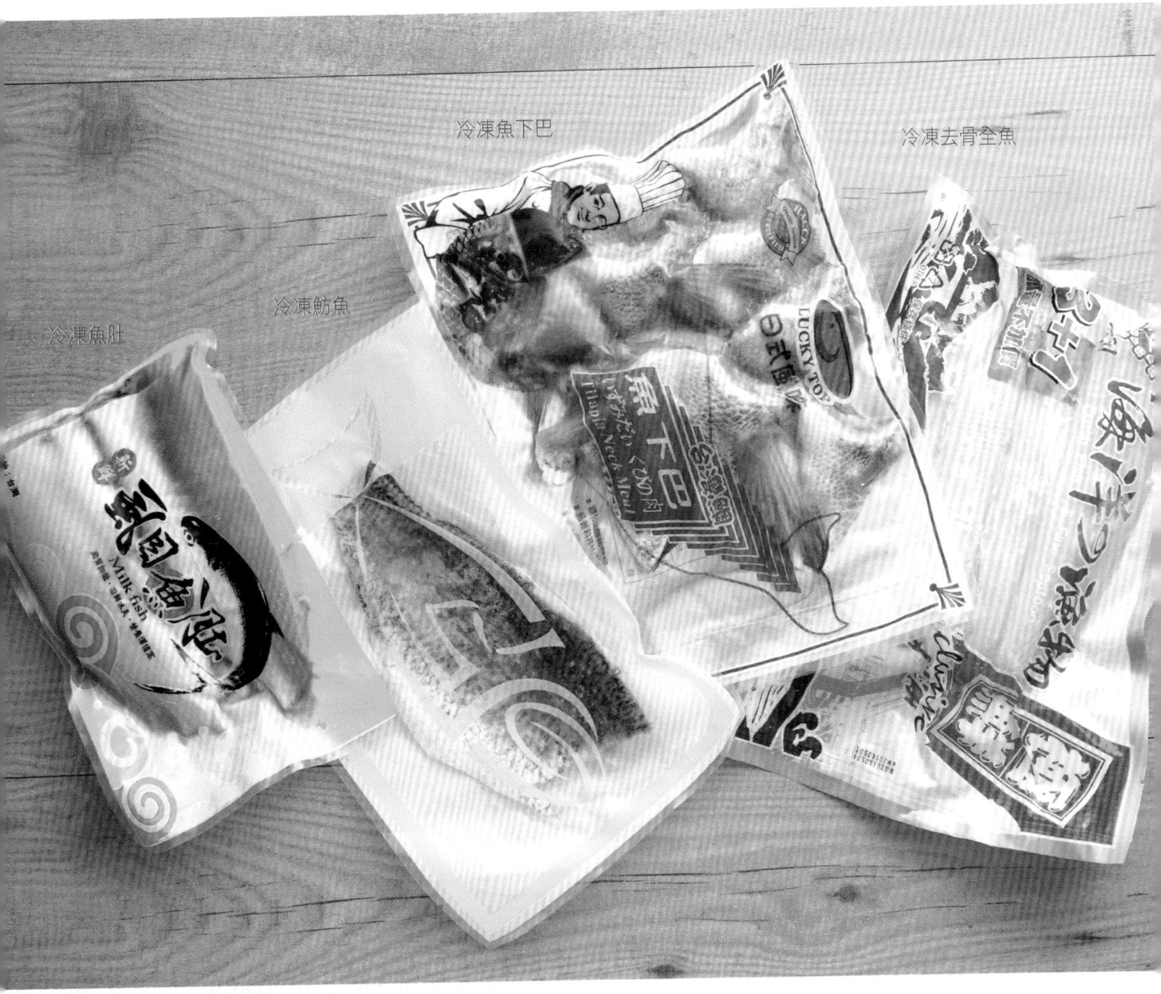

保存和處理

鮮魚買回來之後，一定要儘快沖洗後包好冷凍，即使是當天食用，也最好於洗淨後先放入冷凍約二十分鐘，讓魚身確實降溫，再移到冷箱冷藏出風處，才能有效保鮮。

以料理而言，魚肉不外乎乾煎、清蒸、紅燒、水煮幾種做法。烹調時，扁平魚身和切片魚肉因油脂多，如：肉魚、赤鯮、鮭魚、旗魚，很適合直接乾煎。

背肉厚的魚肉，像石斑、鱸魚就比較適合清蒸，而肉質鮮美的魚清蒸也比紅燒好。

冷凍包裝選購

這些使用真空包裝冷凍處理的魚類，現在其實很常見，對不擅處理海鮮的年輕人是很好的選擇。選購時注意包裝不要結霜，這可能是有解凍過的，另外，真空的部分不要有空氣。

因為一大包冷凍包處理起來並不容易，所以買回來，稍微解凍到魚片可以分開，就可以依每次使用的份量分裝，才不會讓魚肉重複解凍，影響保鮮。

殺手級小菜，開胃好配飯香

小魚干炒辣椒

材料

丁香魚2兩　青辣椒7～8根　紅辣椒1根　蒜仁3粒
黑豆豉2大匙　脆花生3大匙

調味料

鹽1/4小匙　米酒1大匙

做法

1 丁香魚以水快沖瀝乾 1，辣椒斜切片，蒜仁切片，黑豆豉以水略沖瀝乾。

2 鍋中放2大匙油，下丁香魚及蒜片，慢慢炒至小魚干變金黃即可先盛起。2

3 原鍋再下少許油將豆豉炒出香味，放入辣椒炒出香辣味，加入鹽、米酒炒勻，熄火前將丁香魚及花生加入拌勻即可。3

1

2

3

母女QA時間

女兒：小魚干怎麼炒才能又酥又香？

阿芳：小魚干買回家要用水沖一下，要先瀝乾。加熱時從冷油開始，藉由油溫加熱，慢慢把小魚干水分逼出來，加上蒜片香氣，自然又香又酥。另外的小祕訣是將小魚干和辛香料分兩次炒，沒有多餘的水分也更能保持乾爽。沒吃完的小魚干直接放保鮮盒冷藏，下一餐冷冷的吃，一樣很美味，可千萬不要再加熱，軟掉的小魚干就不好吃了。

半燜半炒，
讓蛤蜊肉肥美多汁

九層塔炒蛤蜊

材料

蛤蜊1斤　九層塔1把　青蔥1根　蒜仁3粒
薑1小塊　紅辣椒1根　太白粉水適量

調味料

醬油膏3大匙　米酒2大匙

做法

1 蛤蜊以鹽水浸泡吐沙後，洗淨瀝乾。
2 青蔥切小段，蒜仁拍成粗末，薑剁成粗末，辣椒切成圈，九層塔摘葉。
3 起鍋以1大匙油爆香，蔥段、蒜末、薑末、辣椒圈，放入蛤蜊炒出溫度，淋上米酒即可蓋上鍋蓋，燜約2分鐘。
4 開鍋見七、八成蛤蜊開口，加入醬油膏、九層塔葉。
5 一邊翻炒邊將太白粉水加入，炒出醬芡沾於蛤蜊上，即可將蛤蜊盛盤，未開蛤蜊繼續回鍋炒至開口即成。

母女QA時間

女兒：炒蛤蜊有什麼撇步？

阿芳：炒蛤蜊時，鍋一定要熱，要蓋鍋燜一下，七、八成蛤蜊開了，再加入醬油膏，這樣肉不會太乾，醬汁也能入味。這裡的醬油膏是最好的調味，有甜有鹹又有黏稠度，如果不用九層塔，也可以用紫蘇葉，風味一樣好

經典台灣味，豬油提味增香

生炒花枝羹

材料

花枝1尾　冷筍片1支　紅蘿蔔片1小段
蔥段3根　辣椒片1條　蒜末1大匙
滾水4碗　豬油3大匙　地瓜粉水適量

調味料

糖2大匙　鹽1/2小匙　烏醋1/2杯
雞粉1/2小匙

做法

1 花枝去除腹雜及墨囊，切成海浪翻卷片。
2 起鍋，下豬油爆香蒜末、蔥白、辣椒片。
3 加入花枝、筍片、紅蘿蔔片稍微拌炒。
4 加入滾水煮開，快速加入調味料調味。
5 此時可加入地瓜粉水勾上濃芡，熄火前加入蔥綠部分即成。

母女QA時間

女兒：為什麼要加滾水煮開，不能用冷水嗎？

阿芳：像生炒這樣一氣呵成的料理，火力很重要，家庭的爐火不像營業用的快速爐，要保持鍋氣，可以直接用滾水，才不會花太多時間，把花枝炒老，也就不脆了。當然花枝的肉厚不易炒熟，所以要切花片，而大小最好選擇在一斤左右的大小最恰當。

不用油炸，蒸出蝦球鮮甜脆

絲瓜蝦球

材料 絲瓜1條　蝦子8～10隻　蔥段1根
薑絲1小段　水1杯　地瓜粉2大匙

調味料 鹽、白胡椒粉適量　米酒1大匙

做法

1 蝦子剝殼留尾，以刀劃開背肉剔去腸泥 1，以少許鹽、胡椒粉、米酒拌勻，再拌上地瓜粉。

2 絲瓜削皮或以刀尾刮去粗皮，削去蒂頭，再切開蒂尾，並切去蒂尾的透明涼皮部位 2，改刀切丁塊。

3 以少量油爆香蔥、薑，放入絲瓜，並在絲瓜面上，放上裹粉的蝦仁，倒入水，即可蓋鍋煮至沸騰，再多煮3分鐘。3

4 開鍋翻拌均勻，並以少許鹽調味即可盛盤。

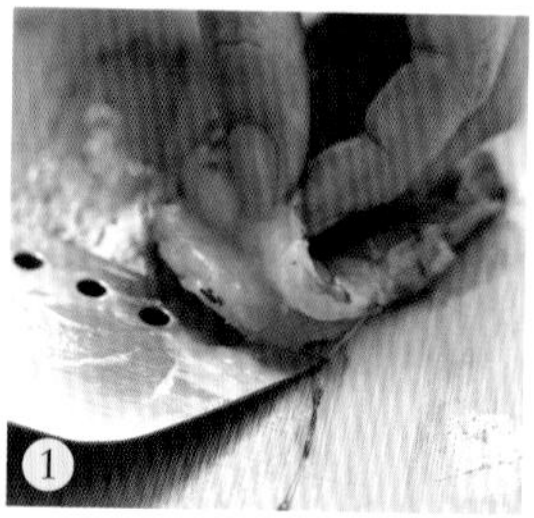

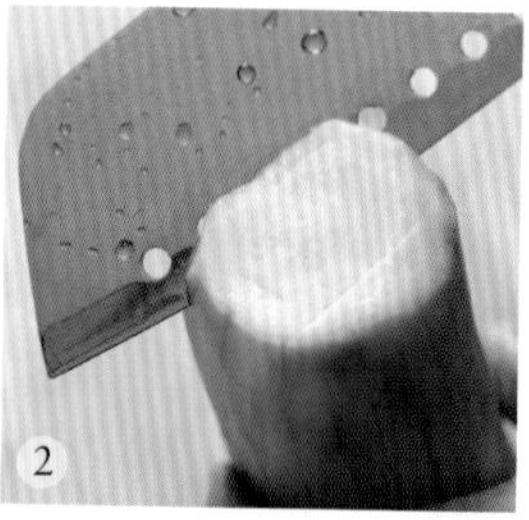

母女QA時間

女兒：蝦球放在絲瓜上面不用炒？

阿芳：這其實是用蒸煮的方式做蝦球，絲瓜本身加熱後會出水，而蝦球裹上地瓜粉，藉由水蒸氣被蒸熟，開鍋後翻拌一下，讓蝦球和絲瓜燴在一起，一鍋到底、也不用勾芡，是養生版的蝦球做法。

最討孩子歡心的蝦料理

鳳梨蝦球

材料

草蝦仁1/2斤　蛋白1個份量　糖漬鳳梨罐1小罐

沙拉醬3大匙　麵粉2大匙　地瓜粉2大匙　沙拉油1小匙

調味料

鹽1/4小匙　白胡椒粉少許　米酒1小匙

做法

1 草蝦仁劃開背肉，剔去腸筋，以調味料先抓勻再加入蛋白略抓，再拌入麵粉及地瓜粉，並加入1小匙沙拉油拌勻。

2 熱1碗半的油，拌好的蝦仁入鍋。1

3 炸至蝦球變色後 2，改大火升高油溫起鍋，油鍋盛出。

4 鳳梨瀝去糖水直接入鍋。3

5 放入炸好的蝦球，擠上沙拉醬。4

6 此時再開火快拌3～4下即可盛盤。5

母女QA時間

女兒：為什麼醃蝦球只用蛋白，不用全蛋？

阿芳：蛋白是滿滿的蛋白質，加上粉料會產生酥脆的口感，蛋黃本身富含油脂，如果蛋白蛋黃一起加，產生乳化的效果，口感會比較鬆軟不酥，而粉料混和了地瓜粉和麵粉，可以讓炸出來的蝦球又有厚度又酥脆。

1

2

3

4

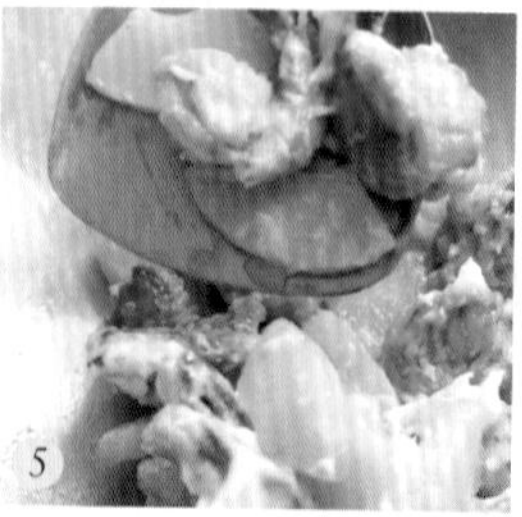
5

鮮蝦和貝類的選購小指南

鮮蝦和貝類都有殼，可是裡面的肉質鮮美，對許多人而言，不吃肉可以，不吃海鮮可就痛苦了，除了懂得吃之外，當然也要會選才能料理出好滋味。

常見蝦類選購方式

購買鮮蝦時通常可以分為活養的鮮活蝦和冷凍規格的包裝。

像草蝦就多半是用冷凍方式販售。冷凍包裝要注意蝦殼保持青色不要變紅，有變色可能是經過退冰了，有溫差會影響鮮度和美味。如果是活養蝦，可以看看蝦子的活力，也可以摸摸蝦殼，若是軟殼蝦不宜選擇。

而以料理方式選擇而言，草蝦型體比較大，俗稱小明蝦，其肉質較粗，可以整隻蝦裹粉油炸、燴煮，或是剝成蝦球料理；而沙蝦型體小，肉質比較細嫩不粗，甜度也比較高，清燙就很美味，直接品其鮮味，而白蝦則介於兩者之間，使用方式更多元，端看個人選擇。

鮮蝦變蝦球這樣做。

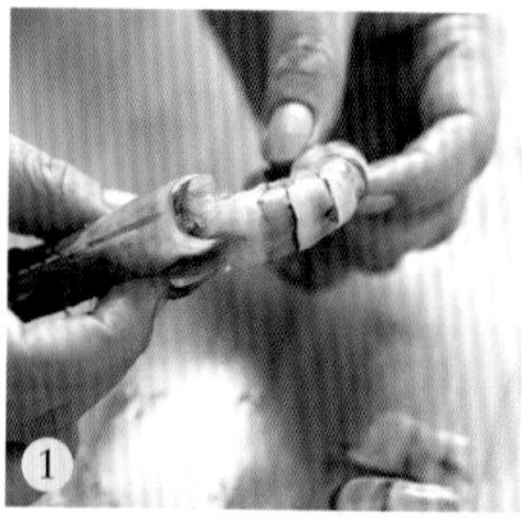

去頭尾剝殼。

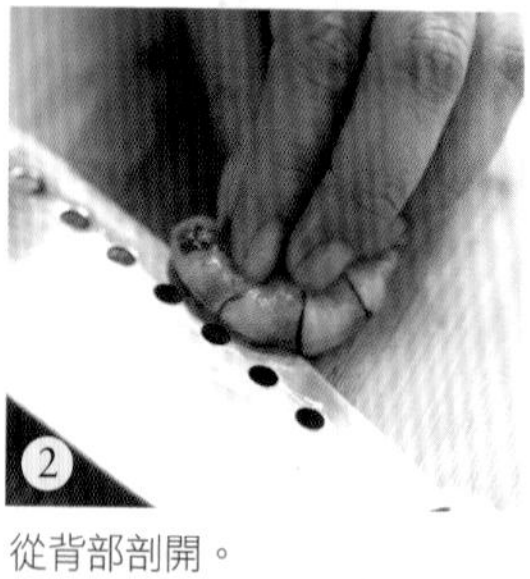

從背部剖開。

翻開背部，去除腸泥。

常見貝類選購方式

蛤蜊生長於海裡，蜆仔長成於淡水中，一個形體大、一個形體小，都是很常見的貝類，買回來泡水時，可千萬別浸錯水。

購買時，我們常會見到有兩種，一種是浸泡在水中的，一種是瀝乾的。如果買的是沒泡過水的，用袋子包緊冷藏，大約可以保存兩到三天不成問題。

一般選擇貝類會用敲擊的方式，從一大片的蚌殼中，隨機取幾顆互敲，像響板一樣，生命力強的的貝類，敲出來的聲音鏗鏘有力很結實，若是敲出來聲音空空的，表示貝類的生命力疲弱，就不宜選購了。

蛤蜊、蜆仔要留意浸泡的水，是否用對了。

PART 5

如果有什麼疲勞消除的特效藥，必定是湯

泡燜讓湯清雞肉嫩

香菇雞湯

湯是引子，在吃飯前先喝一碗，暖暖肚子，精神放鬆了，胃也就開了，所以湯品是餐桌上餐餐都不可少的一部分。而這道雞湯可說是最簡單好煮的優質湯品，風味很討喜，幾乎沒有人不喜歡，想要煮出湯清肉嫩的質感，一定要加蓋用中小火，沸騰之後熄火，再泡燜10分鐘，煮出來的雞湯既清澈，肉也不會乾乾柴柴的。如果開蓋用大火煮，不僅湯會愈煮愈濁，肉也不細嫩了。

材料

香菇7～8朵　雞腿2根　水5～6杯

調味料

鹽適量

做法

1 乾香菇剪去蒂頭，略以水浸泡至發漲，香菇水留用。
2 雞腿切大塊，入沸水汆燙洗淨。
3 雞腿段入香菇水，加蓋開中小火煮至沸騰，熄火多燜10分鐘，以鹽調味即成。

tips 乾香菇要先泡開，香菇水要留著用。

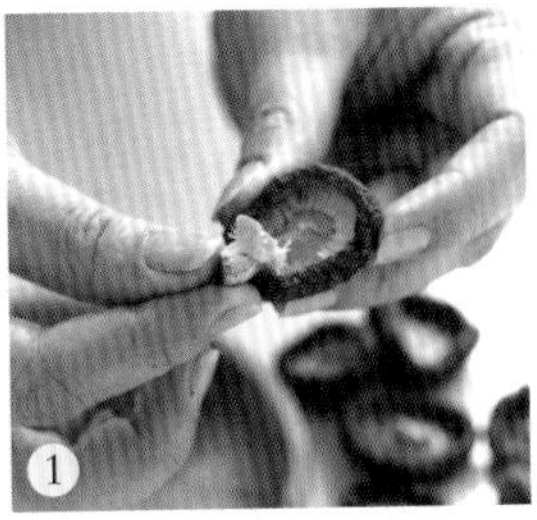

澎風醃瓜和乾香菇
讓雞湯更迷人。

你也可以這樣做：醃瓜加入陳香

澎風瓜燉香菇雞

美食需要交流，從夥伴母親手上接過的醃製澎風瓜，讓我從基本款的香菇雞湯之外，多了一種新做法，所謂澎風瓜，其實就是越瓜，本身的甘鹹賦予湯品更濃厚的風味，也讓我改變了煮雞湯的方式。因為需要較長時間燉煮，所以這裡的香菇不泡水，只剪開或去除厚的蒂頭，一清爽一濃厚，都是美味雞湯的好選擇。

材料

土雞1/2隻（切塊）　香菇8～10朵
澎風醃瓜1段　熱開水1鍋

做法

1 雞肉以沸水汆燙洗淨。
2 香菇不泡水，剪開蒂頭，以冷水略沖洗。
1
3 醃瓜切成5～6片（約1公分厚）。
4 全部材料放入鍋中，添加熱開水。
5 上方再蓋上一瓷盤，移入電鍋，外鍋加1杯水即可蒸燉至電鍋跳起。

竹筍排骨湯

夏吃竹筍，冬吃蘿蔔，風情各有不同

我剛出嫁的第一年喝了整整兩個月的竹筍排骨湯，因為婆婆說長孫愛喝，所以堅持不換。其實排骨湯稱得上是百搭的湯底，我通常一次會買上一斤半的排骨，回家先統一汆燙好，分成五、六包冷凍起來，每一包大概是五到六塊排骨，一包就是一鍋湯的份量，這樣的份量剛好帶出排骨的風味，多了反而顯得油膩。而排骨的選擇也很隨興，粗排骨耐煮，小排骨肉多有軟骨，端看湯品需求，接下來就看不同季節和不同時間，加入不同的食材，做一些煮湯方式的改變，花一點時間，天天都有好湯可以享用。

材料　竹筍1根　排骨肉5～6塊　冷水6杯

調味料　鹽適量

做法

1 竹筍剝殼削去老皮，順絲切成薄片和滾刀片。1

2 排骨放入冷水鍋汆煮。2

3 煮出血水雜質後，撈出洗淨。3

4 將竹筍和排骨投入冷水鍋中，蓋鍋開火煮至沸騰，改小火煮20分鐘。

5 熄火再多燜10分鐘。食用時，以鹽調味即可。

母女QA時間

女兒：夏天有竹筍、冬天有蘿蔔，煮法有什麼不一樣？

阿芳：其實煮的方式都一樣，只有食材從竹筍1支改成白蘿蔔1條，加上香菜1小把，一樣冷水入鍋煮至沸騰，再加蓋改小文火煮10分鐘，熄火多燜20分鐘，要吃的時候加上香菜末提香。

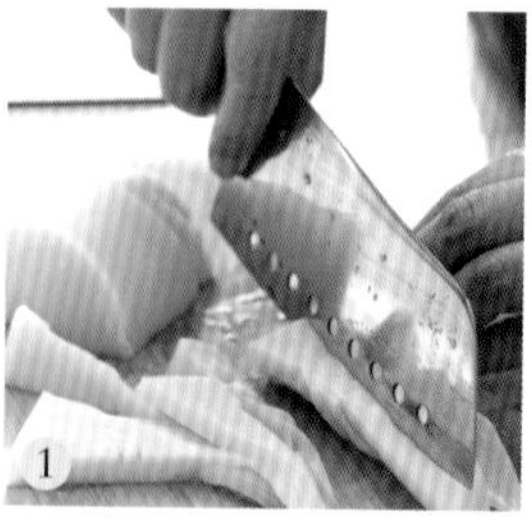

1

2

3

蘿蔔排骨湯

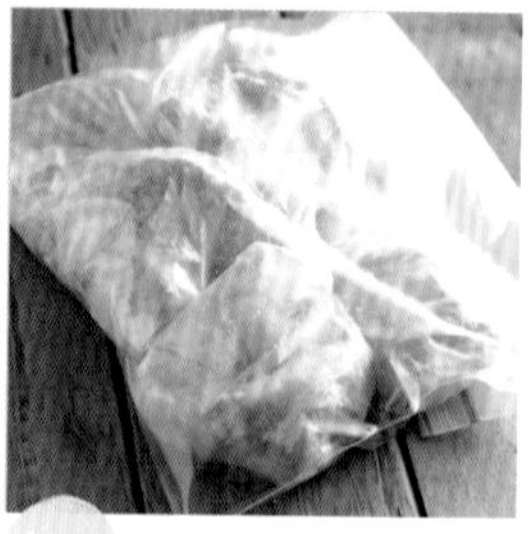

一次做好排骨冷凍包，煮湯更方便。

你也可以這樣做：
廣式煲湯陳皮提味

蓮藕排骨湯

煲湯是廣東人最擅長的，廣東人總是先喝湯再吃飯，他們相信煲湯滋補的效果，也會在湯品裡加入一些中藥食材，陳皮就是一種，據說有健脾理氣的功效，加了陳皮的湯品多了甘香的餘韻，不過一定要去除陳皮的白色內膜，湯才不會在甘香之外，多了不討喜的苦味。

材料

蓮藕2節　粗排骨4～5塊　水8杯
廣陳皮1片

調味料

鹽適量

做法

1 排骨汆燙撈出洗淨。
2 廣陳皮以冷水泡軟 1 ，刮去白色內膜。
3 蓮藕削皮切滾刀塊立即投入水鍋中，加入排骨和陳皮煮至沸騰，改小火續煮1小時，以鹽調味即成。（可以改用快鍋沸騰改小火煮10分鐘）

tips 陳皮一定要刮去白色內膜。

你也可以這樣做：
電鍋燉煮，湯更清澈

小魚干苦瓜排骨湯

這是一道很適合夏天的湯品，消暑降火頗有療效，是兒子最喜愛的湯品之一，不用爐火，直接放電鍋就可以煮了，用小魚干提出湯的鮮味，我也常會用一人一盅的方式排放入電鍋，這在沒有時間的時候，是最方便的上桌的湯品。

材料

小魚干1撮　苦瓜1條　水8杯
粗排骨5～6塊　薑3～4片

調味料

鹽適量

做法

1 排骨汆燙撈出洗淨，小魚干用水略沖。

2 苦瓜對剖去囊籽，刮除內膜，切成大塊。

3 全部材料放入電鍋內鍋，外鍋加入1杯半水，待電鍋跳起，食用前加入適量鹽調味即可。

壺底油精引出清燉美味

清燉牛肉湯

我一直在想人的口味和年紀是相互關連的，小時候總是容易被新鮮、刺激的口感吸引，而大了之後反而傾心於食物的樸實原味。同樣是燉牛肉，我喜歡清燉多於紅燒。爸爸小時候常帶我去蔣經國總統特別喜歡的老鄧牛肉麵，他們也是清燉口味，隔著出菜口，可以看到他們在沖入麵湯前，會先舀入少許海鹽調味，那鹽粒特別粗，因未曾精製留了更多的礦物質，湯頭嚐來不至於死鹹，更顯得溫潤清鮮。也是讓真材實料的好湯，保留原味的小祕訣。

材料

牛腩1斤半　白蘿蔔1根　薑1段
八角2粒　水8杯

調味料

壺底油精半瓶　鹽適量

做法

1 牛腩切大塊以沸水汆燙洗淨，蘿蔔切塊，薑切厚片，八角洗淨。
2 全部材料放入鍋中，倒入壺底油精，由冷水開火煮至沸騰。
3 加蓋改小文火煮40分鐘，至牛肉可用筷子刺過。
4 熄火再泡燜30分鐘，再以鹽調味即可，食用時加熱盛碗。

母女QA時間

女兒：為什麼清燉牛肉加的是壺底油精？

阿芳：壺底油精也稱為蔭油，是黑豆釀製的醬油，和一般黃豆釀製的醬油風味不同，特別適合清燉的風味，如果不用壺底油精，也千萬別加人工味精，那可浪費了一鍋好湯，只要簡單調入粗鹽也有自然清鮮的原味。

女兒：吃不完的清燉牛肉湯，下一頓怎麼辦？

阿芳：做成牛腩燴飯帶便當吧！先取兩碗清燉牛肉、兩根切成斜段的青蒜，將清燉牛肉湯煮沸後，加入青蒜，以適量壺底油精調味，以少許太白粉水勾芡後熄火，放入雙層便當盒的下層，再將白飯盛於上層。待蒸好後，飯醬合一，就是牛腩燴飯了，這樣的方式用來帶芡汁多的燴炒菜餚或咖哩飯也很合適。

tips 牛腩燴飯

養胃、消暑的夏日好湯品

酸菜鴨肉湯

這是我懷念媽媽的味道之一，以前在外面上班，晚上回家媽媽常常會煮這一鍋湯。酸的開胃，喝了會微微冒汗，一天的疲憊彷彿都獲得了緩解一樣，往往在回家的路上，就開始忍不住期待著。鴨肉在一般家庭中比較少見，其實鴨肉不只有鮮味，還帶有甜味，所以如果在市場看到比較肥的鴨，我通常會買回來煮湯，現在市面上也有已經去腳、去頭處理好的太空鴨包裝，對家庭料理也很方便。

材料

太空鴨1/2隻　酸菜心1/2個

水8杯　薑1塊

調味料

雞粉1小匙　米酒1大匙

做法

1 鴨肉切大塊，入熱水汆燙變色即撈出洗淨。

2 薑切薑絲，酸菜心切片，以少許水泡10分鐘。

3 鴨肉塊加水入湯鍋煮至沸騰，加蓋熄火燜20分鐘，讓鴨油沁出。

4 再次開鍋加入薑絲、酸菜重新煮開，以調味料調味即成。

母女QA時間

女兒：為什麼要先熄火燜，再重新煮開？

阿芳：湯要好喝，不要一直傻煮，第一會把湯滾濁，再來豐潤的鴨油香氣也滾光了，只剩下乾柴的肉。其實煮滾後就可以熄火了，讓鴨油隨著溫度沁出，但湯本身還是清澈的，這時再煮開，鴨肉已經泡熟，而酸菜心和薑絲的味道也剛剛好，不會太辣太酸。

快速、美味，趁鮮喝最好

豬肝湯

蚵仁湯、豬肝湯、薑絲蛤蜊湯，是我心中的麵攤湯三兄弟，重點在要喝多少、就煮多少湯，因為這是一定要當場現喝的湯品，一旦隔餐重新加熱就黯然失色了，風味大打折扣不說，食材也失去應有的口感。

材料

豬肝1葉　薑1塊　水4杯　青蔥1根
雞粉1/2小匙　鹽適量　米酒1大匙

調味料

香油1小匙

做法

1 薑切成細薑絲，青蔥切粗蔥花，豬肝先洗淨切約0.5公分的薄片。

2 水加薑絲煮至沸騰，以雞粉、鹽調味。

3 加入豬肝片以筷子拌開約六分熟，即可將豬肝撈至碗中。

4 將湯撒上蔥花及香油，淋入米酒，再重新煮開，再沖入碗中即成。

母女QA時間

女兒：豬肝血淋淋的好可怕，怎麼處理才好？

阿芳：先從買開始說吧！到市場選豬肝，不要選太暗沉，最好帶點粉色的豬肝，這樣的豬肝煮起來不會太硬，切起來也不容易血水橫流。不會切豬肝，也可以先請店家沖一下切好帶回家。如果自己切，也記得沖完擦乾之後再切，千萬不要切完再洗，這樣油脂和水分都會流失。豬肝要直切，厚度要均勻。

女兒：怎麼煮出嫩滑不生的豬肝湯？

阿芳：這裡我用了兩段式泡燜的做法，豬肝約六分熟就先撈起，讓湯再次加熱煮到雜質都浮出，淋上米酒，再沖入裝了豬肝的湯碗，讓豬肝後續泡燜至熟，這樣的豬肝湯不會太老，也不會血淋淋的嚇人。

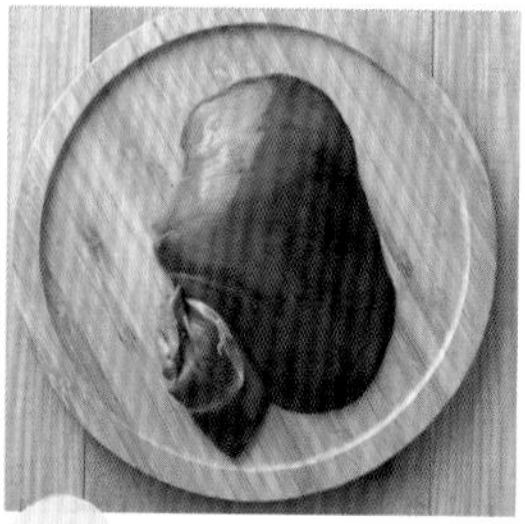

選擇新鮮豬肝。

你也可以這樣做：
鮮蚵帶來濃濃海味

蚵仁湯

蚵仔湯也是我先生最喜歡的湯品，蚵仔一定要大要嫩才鮮美，不過，鮮蚵在現今這個食品進化快速的時代，我的建議是如果沒有看到現場開殼就別買了，以免買到泡藥水的鮮蚵。除此之外，產地現買的冷凍包也是比較好的選擇。

材料 鮮蚵1／2斤 水5杯 薑1段 九層塔5～6葉 青蔥1根 地瓜粉3大匙

調味料 雞粉1／4杯 鹽適量 米酒2大匙 香油1／4小匙

做法

1 薑切細薑絲，青蔥切粗蔥花，九層塔摘葉，鮮蚵以鹽輕抓沖水瀝乾，拌上地瓜粉。

2 小鍋先煮開2杯水，蚵仁放入，煮至蚵仁浮起，先撈出攤在盤上。

3 再加3杯水入鍋，連同薑絲一起煮滾，以調味料調味，熄火前加入蚵仁及九層塔葉、蔥花即成。

你也可以這樣做：
快煮蛤蜊老少咸宜

薑絲蛤蜊湯

這道湯品相信大家都不陌生，不過因為蛤蜊太受歡迎，所以有時候我會煮一鍋薑絲水、放點鹽，直接把鍋子放在電磁爐上，準備一個漏杓，讓孩子們自己燙蛤蜊，和吃火鍋一樣，這樣每個蛤蜊都可以保持在最肥美的狀態，等到蛤蜊吃完，最後再把湯喝掉，雖然一樣是薑絲蛤蜊湯，又多了點食用的樂趣。

材料

蛤蜊1斤　水4～5杯　薑1塊　青蔥1根

調味料

雞粉1/4小匙　鹽1/4小匙　米酒1大匙

做法

1 蛤蜊以鹽水浸泡2小時吐沙洗淨，薑切細薑絲，青蔥切蔥花。
2 水和薑絲煮至沸騰加入蛤蜊以中小火煮至蛤蜊開口。
3 快速調味，撇去浮沫，熄火前撒上蔥花。

放香菜、茴香也很配

味噌蛋花湯

材料　家常豆腐1盒　味噌4大匙　水6杯　蛋1顆　青蔥3根

調味料　味霖2大匙　米酒1大匙

做法

1 青蔥切蔥花，豆腐切塊，味噌以半杯水調稀。1

2 豆腐加水，一起煮至水開豆腐丁浮起，加入味噌水。2

3 以味霖、米酒調味，打入蛋拉成蛋花 3，食用時入蔥花即成。

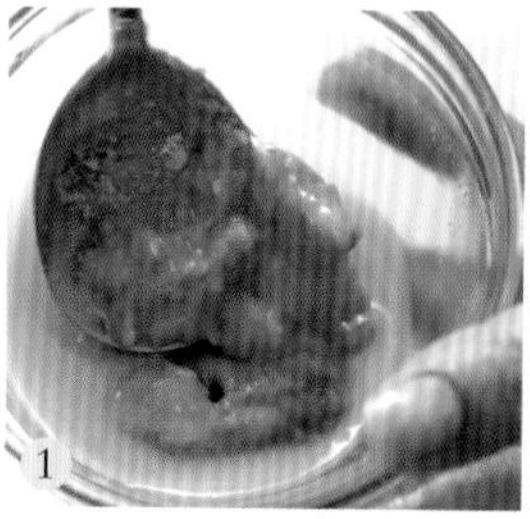

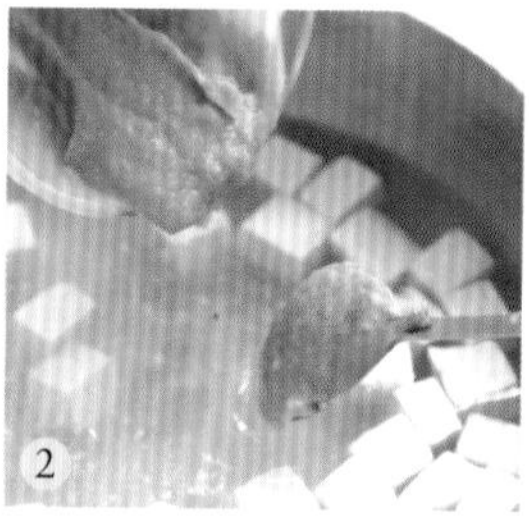

母女QA時間

女兒：為什麼沒用完的味噌怎麼會變黑？

阿芳：恭喜你，這是買到好味噌了。所以記得下次沒用完的味噌包好了，直接放冷凍，這樣也才不會變黑，而且味噌也放冷凍也不會變硬？

女兒：蛋打入鍋中，要拌不要拌？

阿芳：喜歡細蛋花的，下鍋就直接拌吧！如果喜歡有口感的蛋片，下鍋不要拌，蛋會自然浮起成為成蛋片。

味噌記得放冷凍保存。

巧用食材
做出清冰箱好湯品

酸辣湯

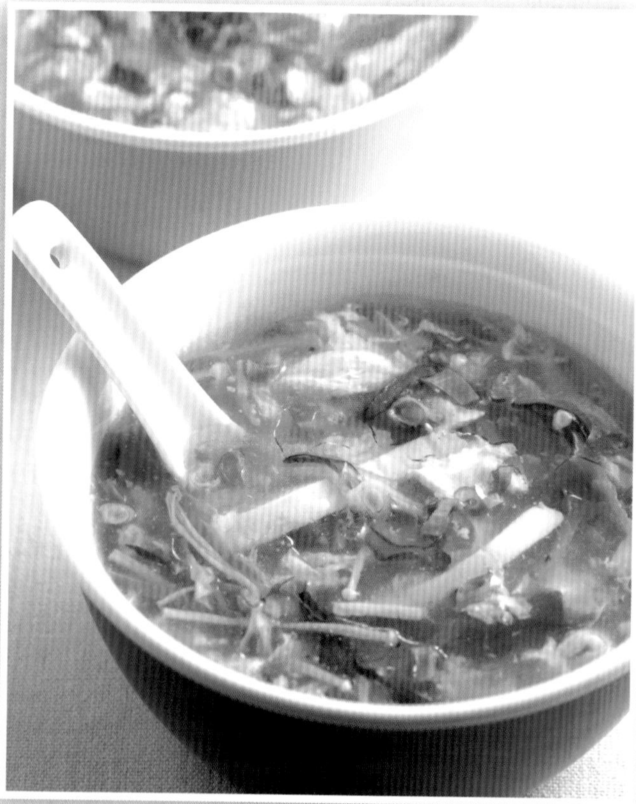

煮菜的時候，蔬菜常常會東剩一點西剩一點，像是配色的紅蘿蔔、常備的金針菇，都是冰箱的常客，所以有時候，我就把這些蔬菜切一切，整成一樣大小，煮成酸辣湯。有了蛋花的羹湯和醋的酸味，蔬菜絲聚合在一起，即使不放豬血，味道也很豐富。重點在爆香蔥所煮出的蔥高湯，是讓風味提升的重要關鍵。

材料

青蔥3根　黑木耳2片　紅蘿蔔1段
金針菇1把　豆腐1塊　蛋2個
水5杯　太白粉水適量

調味料

醬油1大匙　雞粉1/2小匙
黑胡椒粒1小匙　白醋4～5大匙
香油1大匙　鹽適量

做法

1 青蔥2根切蔥花，1根切段，各項材料切絲，蛋打散。
2 以2大匙油爆蔥段至焦黃，淋入水煮滾，夾出蔥段。
3 以醬油、雞粉、鹽、黑胡椒粒調味，各項料絲加入湯中，煮至沸騰，以太白粉水勾芡。
4 加入蛋汁拉成蛋花，熄火前加入白醋、香油，盛碗後撒上蔥花。

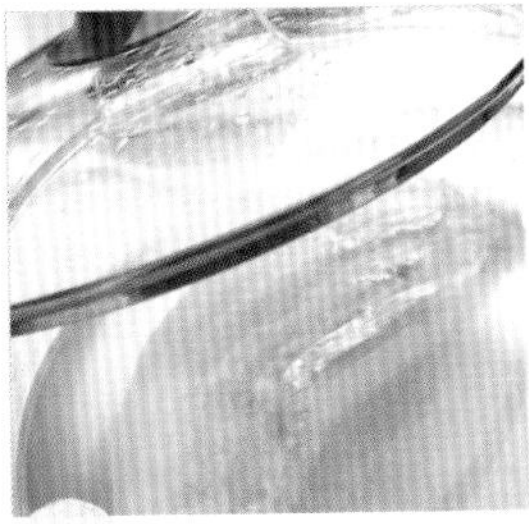

煮五花白肉肉湯是方便的家庭高。

原湯再利用變出新湯品

白肉黃瓜貢丸湯

我家愛吃五花肉，而煮完五花肉的湯，我也從不浪費，通常會用來煮成黃瓜貢肉湯，黃瓜另外燜熟，保留瓜的清甜味，加上帶油脂高湯和貢丸融合在一起，就是最好的風味。不過一定要分開煮，以免味道雜了，也失去了各自的特色和香氣。

材料

大黃瓜1條　貢丸5～6粒
水4杯　煮五花白肉肉湯1份

調味料

鹽適量　香油1小匙

做法

1 大黃瓜刨皮對剖，去籽切成大塊。
2 大黃瓜塊加冷水入鍋，加蓋煮至沸騰，熄火燜15分鐘。
3 開蓋重新加熱，加入貢丸、肉湯中火一起煮至貢丸浮起。
4 以鹽調味，熄火前滴入香油。

炒好麵糊自然香濃

玉米濃湯

這是我的招牌湯，可以煮葷的煮素的，都不失其美味。我還記得有一年，好朋友嫁女兒，她們捨棄一般宴客型式，用自助的方式招待賓客。也情商我去支援，於是我就領著一群好姐妹去煮外燴。而其中就包括了一大鍋的玉米濃湯，這一鍋除了喝到鍋底朝天之外，連隔壁鄰居都來問，玉米濃湯怎麼會這麼香濃好喝。其實也不外乎麵粉、奶油和玉米粒的清甜。

煮好之後，早上當早餐，晚上當宵夜都很好，複熱時直接舀入馬克杯微波加熱，喝多少熱多少也很方便。也可以替代白醬煮義大利麵，一人份的麵條配一碗湯，再加點培根，一湯多吃非常實惠。

材料

玉米粒1罐　玉米醬1罐　奶水1/2罐　麵粉6大匙
水6杯　沙拉油3大匙　奶油1大匙

調味料

雞粉1小匙　鹽適量　白胡椒粉適量

做法

1 炒鍋加入沙拉油熱鍋，加入麵粉抹炒。1
2 待麵粉完全融於油中，炒出香氣，先熄火。2
3 加入1杯冷水，不開火借餘溫炒成熟麵糊。3
4 再加下一杯水，再炒成稀麵糊，再加下一杯水即可調成粉芡水。4
5 另外3杯水，加上玉米粒、玉米醬一起煮開。5
6 將粉芡水、奶水一起加入攪煮至沸騰，以調味料調味，熄火前放入奶油提香。6

1

2

3

4

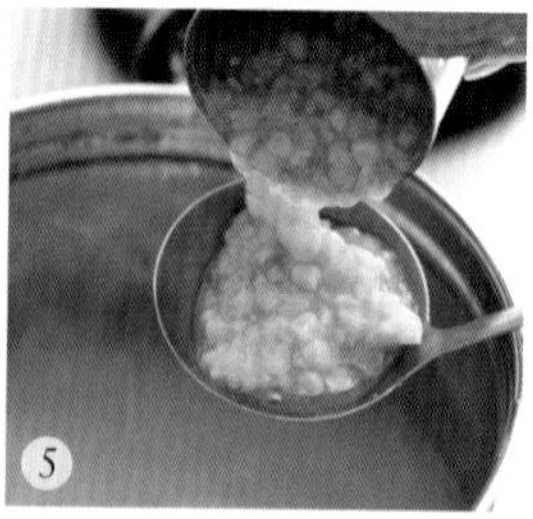
5

6

你也可以這樣做：
替代白醬做焗烤料理

奶油焗白菜

材料

大白菜半個（約1/2斤）　蒜仁2粒　玉米濃湯1杯

麵包粉2～3大匙　披薩起司絲1/2杯

調味料

鹽1/2小匙　黑胡椒粒適量

做法

1 大白菜切段，蒜仁拍切成碎末。

2 起鍋以1大匙油爆香蒜末，倒入大白菜翻炒。

3 加入玉米濃湯拌勻 1，以鹽、黑胡椒調味。

4 盛於盛熱焗碗，在菜面上撒上麵包粉。2

5 最後撒上起司絲 3，即可移入烤箱，烤至表面呈金黃焦色即成。

1

2

3

母女QA時間

女兒：為什麼要撒一層麵包粉？

阿芳：因為麵包粉可以吸白菜的水分，讓起司絲容易烤出焦色，並且可以在白菜和起司絲中間製造黏著的效果，一體成型，同時兼顧香脆和滑順。

隔水燉煮
保存清湯好風味

電鍋燉排骨酥

這是我喝過媽媽煮過最具職業水準的湯品，有時候媽媽煮上一鍋，那天我就不吃飯專喝湯，湯裡有香嫩的排骨肉，吸飽湯汁的冬瓜也好、蘿蔔也好，都讓人口齒留香。而油炸過的排骨酥皮，將醬汁的味道和油脂的酥香味融入湯汁，用電鍋清燉，就能保留湯汁的清澈與甘甜。

湯裡的排骨酥風味，其實是很具代表性的台式五香味，用同樣的醃料，可以直接拌肉條，汆燙之後就是赤肉羹，也可以拌入肉圓的內餡，就能得出令人念念不忘的老滋味。

材料　帶肉小排骨1／2斤　蒜仁2粒　香菜1小把
蛋1個　地瓜粉1／2杯　冬瓜1圈　熱水8杯

醃料　醬油3大匙　五香粉1／4小匙　糖1小匙
白胡椒粉1／4小匙

調味料　鹽1／2小匙

做法

1 排骨肉切小塊，蒜仁磨泥，加上醃料和蛋一起拌勻，放入冰箱冷藏醃放半天。1
2 排骨拌入地瓜粉，入油鍋炸至金黃撈出。
3 冬瓜去皮去籽切塊，放入電鍋內鍋，加上排骨酥。2
4 沖入熱水 3 ，調入少許鹽。
5 移入電鍋，外鍋加1杯水燉至跳起，撒上香菜末即成。

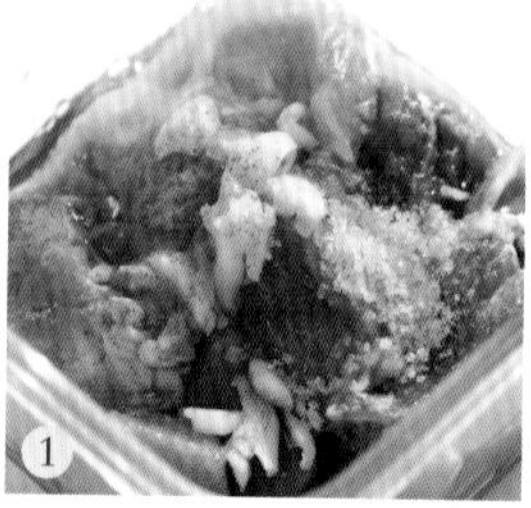
1

2

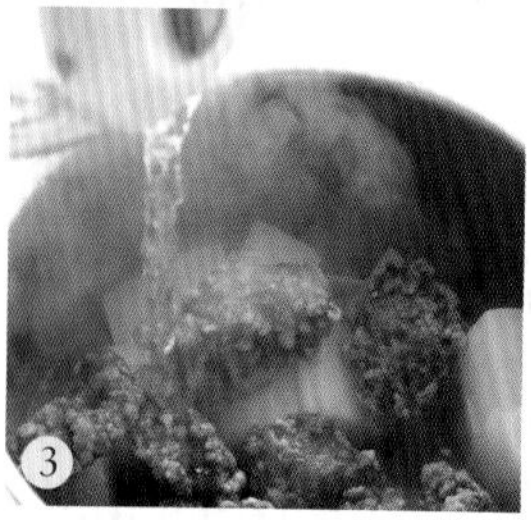
3

tips 冬瓜去皮切塊冷凍，可延長保存時間。

一切要從做月子說起

印象最深刻的麻油雞，該是初為人母的那年，坐月子時婆婆為我煮的那一碗麻油雞酒，那是用了全酒的雞酒，雞肉炒得乾香，湯水不多，一入口就是滿滿的濃厚酒味，同樣叫麻油雞，吃起來竟然和家裡的味道如此不同。

一碗還沒喝完，就聽到婆婆勸我多喝一點對身體好，看著這碗好可怕的雞酒，雖然知道婆婆的好意，心裡還是不由得浮上想哭的情緒，那時突然非常想念媽媽煮的麻油雞，更正確的說法是想家了。

從來不知道食物能勾起這麼多複雜的滋味，也許是剛剛轉換人母的身分，許多情緒都還來不及整理，對於屬於女兒身分的自己到變成母親的自己，也都不習慣。而那一碗五味雜陳的麻油雞酒之味，到現在還一直在我心中。

說也奇怪，那時不喜歡的酒味，後來倒是習慣了，甚至是愈吃愈有滋味，不僅如此，除了婆婆會做，這道菜也慢慢加入了我家的冬季食譜，因為酒不能加鹽會引出苦味，我會加一點甜玉米和糖，用玉米的清甜柔和雞酒的味道，這樣的做法連孩子們都買帳。

想到女兒，有一天也會變成人家的媳婦，甚至是人家的媽媽吧！到時候是吃外婆牌的麻油雞，還是阿嬤風味的麻油雞酒呢？也許還會有其他選擇，想著那不知多久之後的未來，還是儘可能多保留一些存在於我和孩子間的媽媽味吧！讓他們有機會有手自己實踐，在想家的時候，至少還有媽媽的味道可以安慰。

少湯多酒的滋補味

麻油雞酒

材料

土雞1／2隻（切塊）老薑1段 甜玉米2根

米酒1瓶 胡麻油1／3杯

調味料

糖1小匙

做法

1 土雞塊洗淨瀝乾、老薑切片、甜玉米以刀尾切段狀。1

2 取不沾鍋放入雞塊開火，煎烙至一面上色再翻面煎炒，並在煎出雞油後加入薑片同煎，至雞肉煎出金黃色。2

3 將胡麻油加入炒出香氣。3

4 加入1／3瓶米酒及玉米塊翻勻蓋鍋。4

5 以小火煮10分鐘至雞肉熟透，剩餘2／3瓶米酒及糖加蓋煮至沸騰即可熄火。

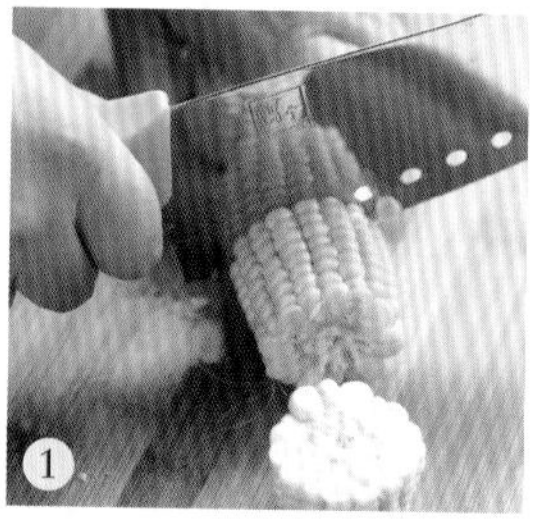
1

2

3

4

加入桂圓肉增添甜味

薑母鴨

這道薑母鴨在我們家吃的時候像火鍋一樣，除了這一鍋，我還會準備高麗菜、凍豆腐、米血糕，吃的時候，搭配這些配料邊煮邊吃，再將原本留起來的鴨湯視情況添加。在冷冷的冬天裡，吃上這一鍋，不僅手腳溫暖，身心也跟著暖了起來。

材料

太空鴨1隻　老薑1/2斤　胡麻油4大匙
當歸1片　青耆3～4片　桂圓肉1小撮　水6杯
米酒1/2瓶

調味料

帶汁豆腐乳3大匙

做法

1 鴨肉剁切大塊，老薑以榨汁機榨出薑汁，薑片留用。

2 以胡麻油煸炒薑片，再下鴨肉半煎半炒至上色，淋入薑汁。

3 加入水及當歸、青耆、桂圓肉，一起煮滾，加蓋改小火煮15分鐘。

4 倒出一半鴨湯，以帶汁豆腐乳調味，再加入米酒煮開即可上桌。

母女QA時間

女兒：薑母鴨是公鴨還是母鴨？

阿芳：公鴨母鴨不是重要，因為這是「薑母」鴨，不是薑「母鴨」。吃補的就是紅面番鴨，大隻耐煮，不過一般家庭處理實在麻煩，其實直接用一般的太空鴨就好了。

女兒：沒有榨汁機可以做薑母鴨嗎？

阿芳：沒關係，市場有賣現成的薑汁，不過一定要加薑汁，因為味道和只用薑片煮的大不同。

自製火鍋湯底，不用人工調味

汕頭沙茶火鍋

其實在台灣家庭吃火鍋的機會很多，而煮火鍋也很省事，而美味的重點就在於背後的湯底。這道汕頭火鍋是我從小吃到大的風味，台南有許多火鍋店都打著汕頭的招牌，我也曾經一度走訪汕頭去尋訪當地的美味，而汕頭火鍋中最迷人的就是扁魚的香氣加上番茄的甜，就像天然的味精一樣，提出一鍋鮮甜美味。在火鍋的食材上，我偏好自然食材，新鮮的肉片、清甜的蔬菜、海鮮，有了扁魚高湯的加持，即使沒有餃類和丸子這些加工品，也不減損吃火鍋的樂趣和美味。

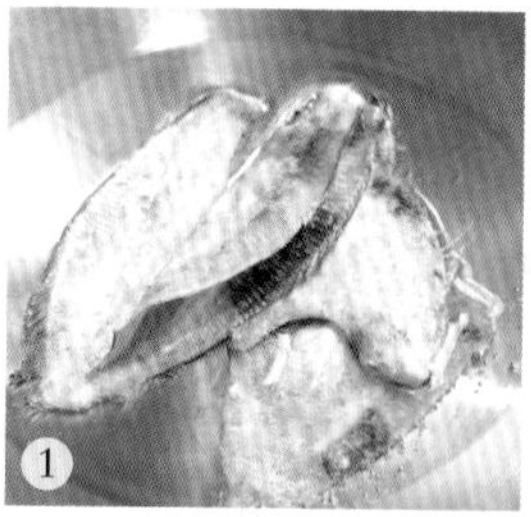

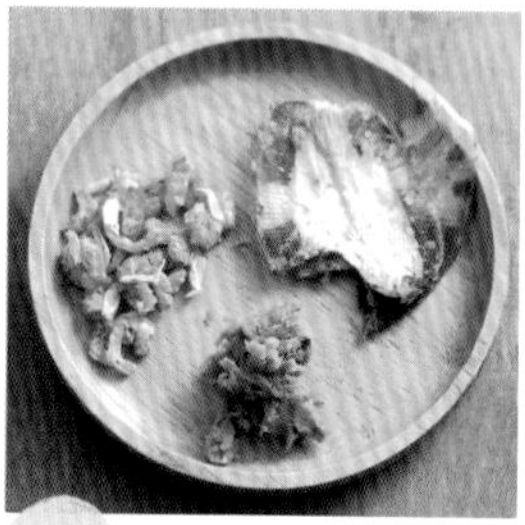

tips 經典汕頭風味來自扁魚乾、蝦米和冬菜。

材料

A 扁魚乾3～4片　蝦米2大匙　冬菜3大匙　番茄1個　甜玉米1根　芹菜2株　水1鍋

B 火鍋豬肉片、豆腐、魚丸、芋頭、魚餃、菇類、高麗菜等火鍋料各適量

醬料

沙茶醬適量　醬油、白醋、青蔥花、紅辣椒、蛋適量

做法

1 各項火鍋料洗切備妥。扁魚以水快沖，蝦米泡軟，冬菜以水快沖瀝乾。

2 番茄對切，甜玉米切段，加水一起煮開。

3 以3大匙冷油，放入扁魚乾及蝦米，開火爆香至扁魚卷曲，酥黃熄火。①

4 撈出扁魚、蝦米，投入湯鍋中，加上冬菜，撒上芹菜段，即為火鍋湯底。

5 上桌開煮火鍋，搭配沙茶沾醬食用。

Lesson 18

吃飽了，誰洗碗

做家事有人嫌麻煩，
其實只要找出竅門，
是一件快樂事多半，
吃飽了，做點家事，
看到亮潔的碗盤，
每個人都是廚房的
大老闆。

全部洗過一輪泡沫，快沖一次。將碗盆連底洗淨，再重新活水沖洗一次，倒扣直立到碗欄上，自然瀝乾再收入碗櫃。

洗菜水可浸泡髒碗用，泡過水的餐具較好洗。

洗碗精不直接按在菜瓜布上。

洗碗時應以容器加水沖出泡沫稀釋。

料理的基本功，一點就通

計量的考驗

有了食譜，卻看不懂食譜，不是中文不好，只是一些術語看不懂，到底1杯是多大杯，1大匙是多少，小文火是多小？弄懂了，看食譜不再一知半解、胡亂猜了。

解讀計量單位

・量杯指的是公制量杯，1杯約為240cc，和一般容量為200cc的量米杯不同，量杯上面有從1杯、3／4杯、1／2杯、1／4杯的格線標示。

1杯＝236cc；3／4杯＝180cc；1／2杯＝120cc；1／4杯＝60cc

・量匙一般以四支為一組，由大到小分別為1大匙、1小匙、1／2小匙、1／4小匙

1大匙＝1湯匙＝15cc，約等於喝湯的湯匙

1小匙＝1茶匙＝5cc，約等於喝咖啡的小茶匙

1／2小匙＝1／2茶匙＝2.5cc

1／4小匙＝1／4茶匙＝1.25cc

少許＝低於1／4小匙的份量

1小撮＝約為3根手指捏1小撮

適量＝以1／4小匙的份量開始斟酌調味，試味後做調整

量匙四支一組

量杯指的是公制量杯1杯約為240cc

1小撮＝約為3根手指捏1小撮

重量換算公式

家裡不一定有電子秤，不過可以看包裝，或是以購買時的重量估算，一般菜市場所用的斤兩為台斤，而量販多以公克和公斤計算，可相互替換。

1斤＝16兩＝600公克；1兩＝37.5公克

火力調控說明

大火＝火力全開，逆時針轉至九點鐘方向

中火＝於大火上方十點鐘方向及大火下方八點鐘方向

小火（文火）＝中火上方十一點鐘方向

母火＝中火下方，為最內圈的爐心火

・火力調控的原則：除大火外，中火和小火的調控需看鍋中食物多寡，食物愈多則需火面接觸鍋體的面積愈寬，食物愈少則火面愈窄，以免空鍋容易燒焦起油煙。以煮湯為例，因為鍋體大，所以適用於小（文）火，才能受熱均勻。若是用小鍋油炸，因為鍋體小，則適用於爐心火，可讓火力集中升溫，不易燒焦。

你會切菜嗎？

切菜，是食材下鍋前的前置處理，把食材形體縮小並統一，這樣在料理時可以讓食材均勻受熱，讓加熱的時間一致，比較不容易出現食材有些快焦了，有些卻還是生的狀態。當然，不會切菜也可以做菜，不過如果能掌握得更細緻，自然能將風味表現的更好。

STEP 1 學會正確切菜

・右手：以食指和拇指扣住刀跟，其餘三指順勢握住刀柄，才好施力。1

・左手：呈貓爪狀，將手指立起，並且微微向內凹，較不容易切到手，以保持安全。2

STEP 2 學會基礎的切菜方式

當然每種料理都有不同的處理方式，例如：燉煮料理需要長時間的烹調，所以形體不宜切得太小。快炒料理強調快和嫩，將食材統一切成薄片或細絲，對於火候掌握也有幫助。就從不同食材的切割方式學起吧！

1

2

a辛香料篇

最常使用的辛香料，因為要配合不同食材，因而產生了各式各式不同的切法，就是為了讓辛香料和料理的味道能融為一體，就從最常見青蔥、薑、蒜頭和辣椒開始吧！

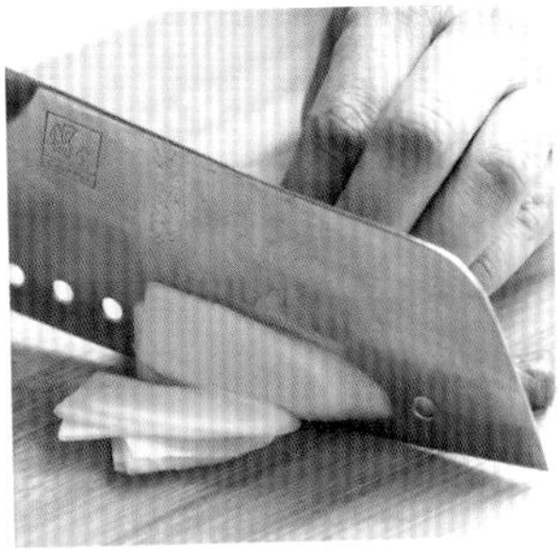

切薑片，可將薑塊直放，從側邊斜切成薄片，多半用於水煮、清蒸或燉煮料理。

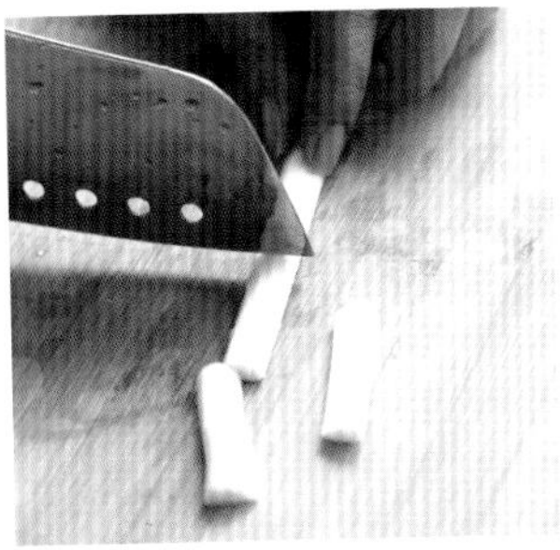

切蔥段，長度約3～4公分，一般用於快炒料理，形體控制在和其他食材長度一致。

蔥這樣切！蔥段、粗蔥花、細蔥花

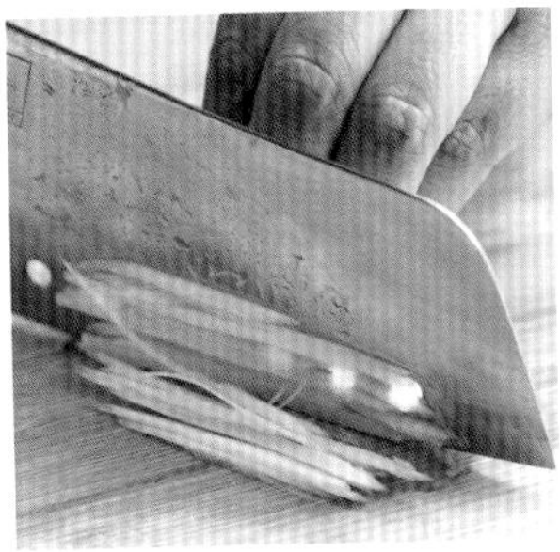

切薑絲，可將薑片疊放後細切成絲，多半用於快炒料理上。

切粗蔥花，長度約1～1.5公分，一般用於涼拌或醃漬料理中，帶有口感不碎散，可切成蔥段後，再齊切成粗蔥花。

薑這樣切！薑片、薑絲、薑末

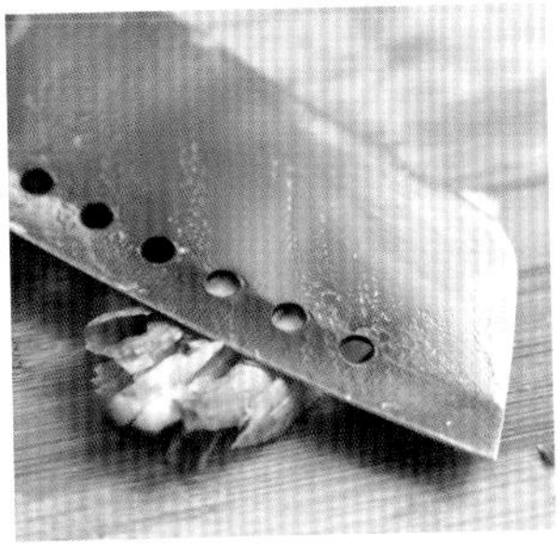

切薑末，將薑絲略壓扁，再切成薑末，多半用於調味之用，也可直接用磨泥板替代。

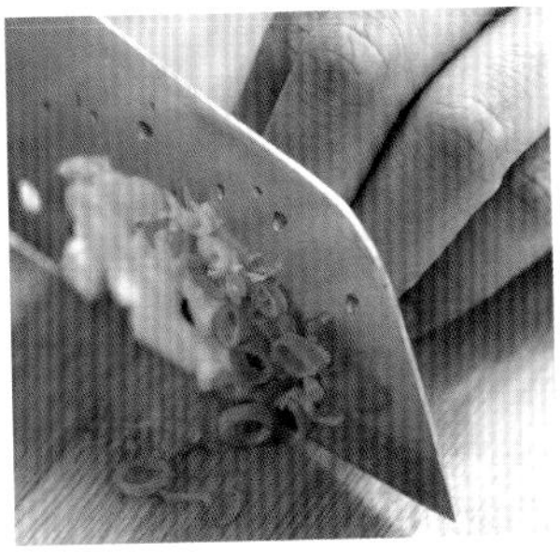

切細蔥花，長度0.2公分，主要為裝飾之用，在完成的料理上撒一些，可增添風味。

蒜這樣切！蒜仁、蒜片、蒜末

切辣椒片，辣椒籽是辣味的來源，怕辣可以先剖開去籽，再切成片，去籽的辣椒片辣度降低，有辣椒味卻不這麼辣。

辣椒樣切！辣椒絲、辣椒末、辣椒圈、辣椒片、辣椒斜段。

取蒜仁，可略拍蒜頭之後，使外膜破裂後取出，若要取完整蒜仁，可以切去頭尾再剝開，市面上也有剝好的蒜仁販售。

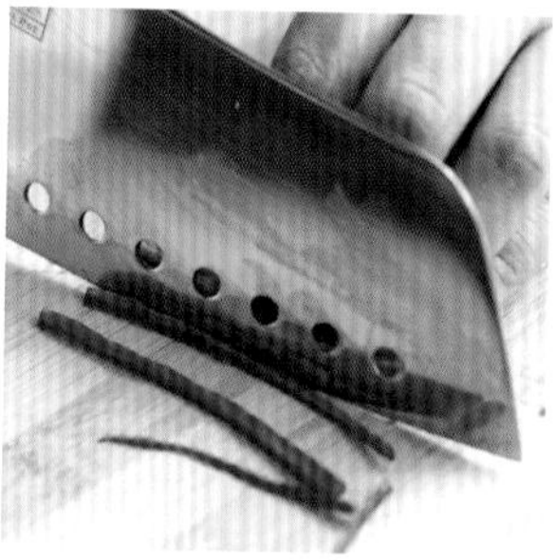

切辣椒絲，剖開去籽的辣椒片，就可以細切成絲了，辣椒絲、薑絲和蔥絲，是清蒸魚的標準配料。

切辣椒斜段，辣椒直放斜切成段，多半用於快炒。

切蒜片，取蒜仁切成圓片。料理時仍保有蒜頭的口感。

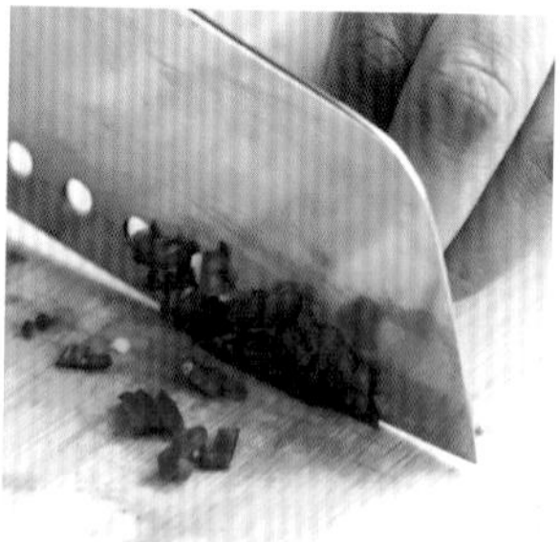

切辣椒末，切好的辣椒絲疊放，就能輕鬆的切成辣椒末，辣椒末用得比較少，多為點綴之用。

切辣椒圈，辣椒橫放直切成圓圈，大部分用於涼拌和沾醬配料中。

切蒜末，取拍碎的蒜仁。再細切成蒜末，可視料理口感，決定蒜末的粗細。

b 雞、豬、牛肉篇

市售肉品買的時候多半已經處理好了。從賣場以肉片、肉絲、肉丁切好分裝的形式，到菜市場可以直接選部位請肉販代為處理，不過處理肉品也有一些基本的常識可依循。

豬肉的切法

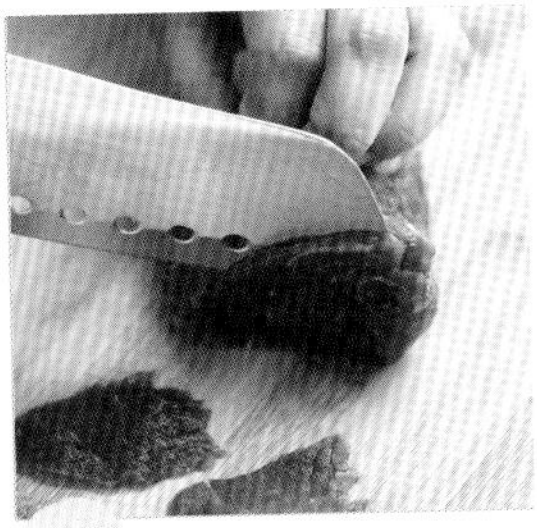

牛肉的切法

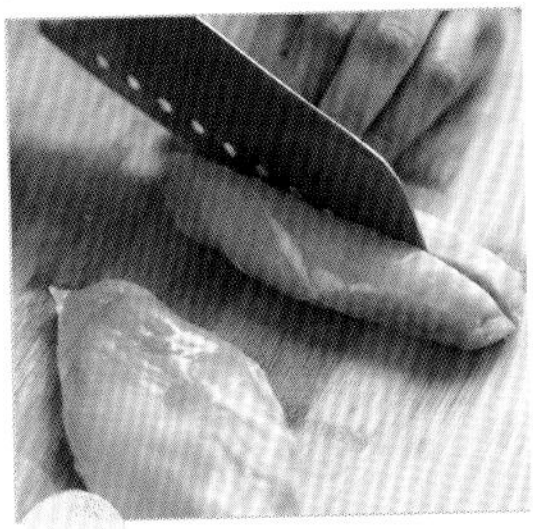

雞肉的切法

豬肉切片，一般用於煎炒的料理，厚薄度視料理的時間，和需要的口感決定。

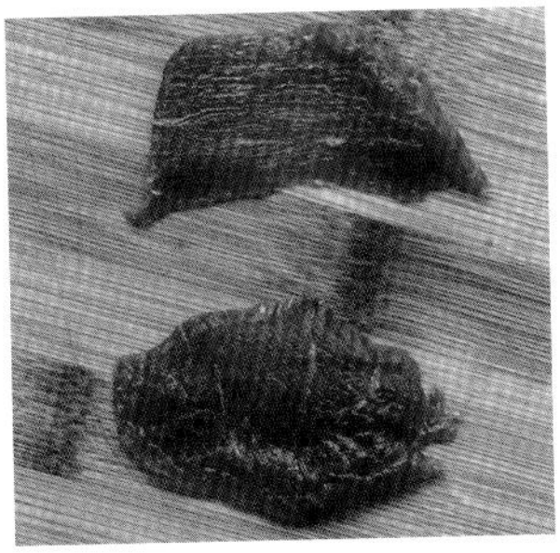

逆紋切片（同下），牛肉的纖維較粗，所以要逆紋切，也就是切片後看不出直向順行紋理，把纖維切斷了才好咀嚼，也比較嫩。

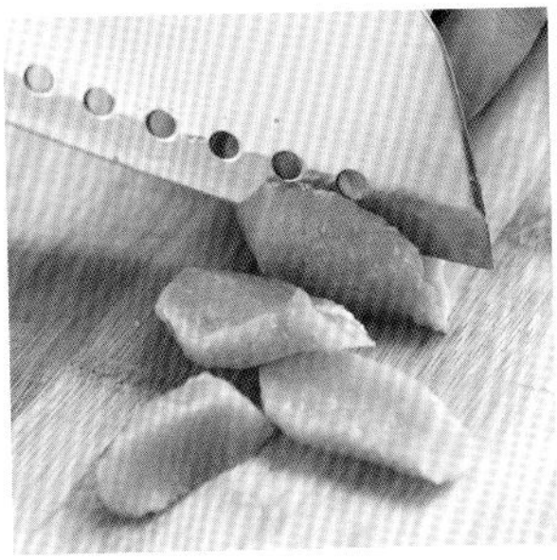

切丁，雞胸肉的油脂不多、肉質細，快炒時多半切成丁狀，一副雞胸肉先取一塊對切，再改刀切成丁狀，要保持滑嫩，可以切薄一點，更快熟也不易老。

豬肉切絲，有些人說豬肉要順紋切才不碎散，不過我自己覺得都可以，台灣豬肉的品質好，順逆紋切都不影響口感。

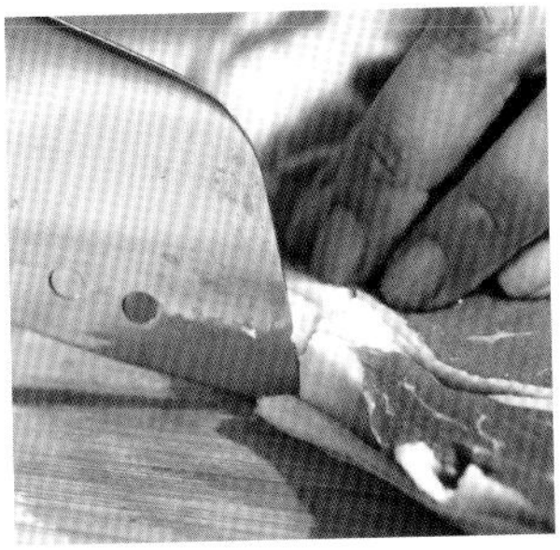

牛排斷筋，沙朗、板腱這些筋較多的牛排部分，煎製前也可先切斷白色的筋膜，才不會影響口感。

雞腿肉劃刀，現在市面上有販售去骨的雞腿肉，多半直接切半，做為肉排煎製，因為肉厚所以肉面要劃刀，才不容易半生不熟。

C 蔬菜篇

蔬菜有葉菜、瓜果、根莖……等，不同種類，因為質地、厚薄、料理的方式不同，所以會產生不同的切法，不過大致可以分列如下：

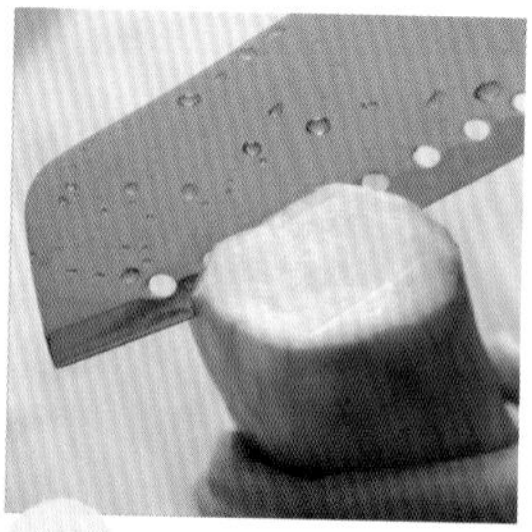

瓜果類蔬菜的切法

根莖類蔬菜的切法

葉菜的切法

用刀尖挑，像處理苦瓜內膜時，因為刀尖鋒利，去膜會更容易。

竹筍切滾刀塊，將竹筍放於砧板，斜刀成角狀塊，順時針轉一下再切，邊切邊轉，切出大小相近的不規則塊狀。這種切法適合長形的根莖類蔬菜，吃起來保有口感，也不易在燉煮時碎散。

空心菜切成段，像菠菜、芥蘭這些形狀相似的蔬菜都可以直接切成段，如果要炒，可以將菜葉、菜梗分開切。

用刀尾切，像玉米這種質地硬的食材，切的時候要留意安全的問題，用刀尾切施力比較穩，也比較安全。

竹筍切絲，根莖類食材切絲，需先取適當的長段切段，再從縱切面切片並切絲，這樣才容易控制食材的大小，是處理蔬菜絲的小技巧。

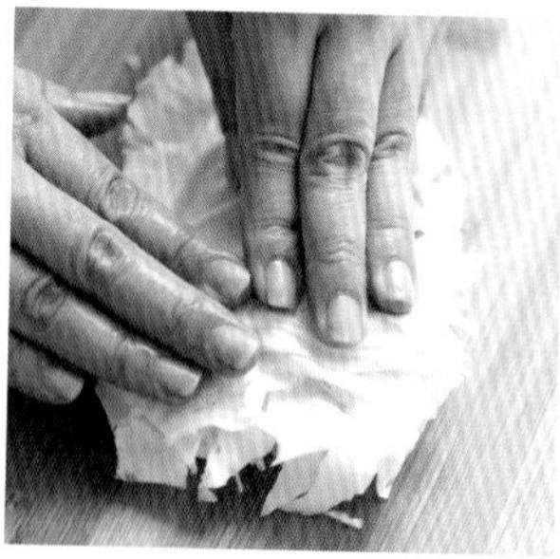

高麗菜切成片，像大白菜、美生菜這類結球蔬菜，切片時可以先一開四，壓一下再切片比較容易切。

煮家常菜，真的是一件很快樂的事。

給孩子的廚房筆記

跟著阿芳媽媽學做菜

國家圖書館出版品預行編目（CIP）資料

跟著阿芳媽媽學做菜 / 蔡季芳著. -- 初版. -- 臺北市：商周出版：家庭傳媒城邦分公司發行 2013.08
面；　公分
ISBN 978-986-272-428-6（平裝）

1. 食譜

427.1　　102014311

■ 2013年8月8日初版
■ 2019年5月6日初版18刷

作　者／蔡季芳　責任編輯／鍾宜君
封面設計／陳祥元　內頁排版／陳雅萍
版　權／翁靜如　攝　影／林宗億
總編輯／楊如玉　行銷業務／李衍逸、吳維中
發行人／何飛鵬　總經理／彭之琬
法律顧問／台英國際商務法律事務所　羅明通律師
出　版／商周出版
臺北市中山區民生東路二段141號9樓
電話：(02) 2500-7008　傳真：(02) 2500-7759
E-mail：bwp.service@cite.com.tw
發　行／英屬蓋曼群島商家庭傳媒股份有限公司城邦分公司
臺北市中山區民生東路二段141號2樓
書虫客服專線：(02)2500-7718；(02)2500-7719
24小時傳真專線：(02)2500-1990；(02)2500-1991
服務時間：週一至週五上午09:30-12:00；下午13:30-17:00
劃撥帳號：19863813　戶名：書虫股份有限公司
E-mail：service@readingclub.com.tw
歡迎光臨城邦讀書花園　網址：www.cite.com.tw
香港發行所／城邦（香港）出版集團有限公司
香港灣仔駱克道193號東超商業中心1樓
電話：(852) 25086231　傳真：(852) 25789337
E-mail：hkcite@biznetvigator.com
馬新發行所／城邦（馬新）出版集團
Cite (M) Sdn. Bhd
41, Jalan Radin Anum, Bandar Baru Sri Petaling,
57000 Kuala Lumpur, Malaysia.
電話：(603) 90578822　傳真：(603) 90576622
E-mail：cite@cite.com.my
印　刷／卡樂彩色製版印刷有限公司
定　價／380元
ISBN 9978-986-272-428-6

商周出版

廣　告　回　函
北區郵政管理登記證
台北廣字第000791號
郵資已付，免貼郵票

104台北市民生東路二段 141 號 2 樓

英屬蓋曼群島商家庭傳媒股份有限公司　城邦分公司

請沿虛線對摺，謝謝！

書號：BK5085　書名：給孩子的廚房筆記－跟著阿芳媽媽學做菜　編碼：

請於此處用膠水黏貼

讀者回函卡

謝謝您購買我們出版的書籍！請費心填寫此回函卡，我們將不定期寄上城邦集團最新的出版訊息。

不定期好禮相贈！
立即加入：商周出版
Facebook 粉絲團

姓名：＿＿＿＿＿＿＿＿＿＿　　性別：☐男　☐女

生日：西元＿＿＿＿＿年＿＿＿＿＿月＿＿＿＿＿日

地址：＿＿＿＿＿＿＿＿＿＿＿＿＿＿＿＿＿＿＿＿

聯絡電話：＿＿＿＿＿＿＿＿＿　傳真：＿＿＿＿＿＿＿＿＿

E-mail：＿＿＿＿＿＿＿＿＿＿＿＿＿＿＿＿＿＿＿＿

學歷：☐1.小學 ☐2.國中 ☐3.高中 ☐4.大專 ☐5.研究所以上

職業：☐1.學生 ☐2.軍公教 ☐3.服務 ☐4.金融 ☐5.製造 ☐6.資訊

☐7.傳播 ☐8.自由業 ☐9.農漁牧 ☐10.家管 ☐11.退休

☐12.其他＿＿＿＿＿＿＿＿＿＿＿＿

您從何種方式得知本書消息？

☐1.書店 ☐2.網路 ☐3.報紙 ☐4.雜誌 ☐5.廣播 ☐6.電視

☐7.親友推薦 ☐8.其他＿＿＿＿＿＿＿＿＿＿＿＿

您通常以何種方式購書？

☐1.書店 ☐2.網路 ☐3.傳真訂購 ☐4.郵局劃撥 ☐5.其他＿＿＿＿

您喜歡閱讀哪些類別的書籍？

☐1.財經商業 ☐2.自然科學 ☐3.歷史 ☐4.法律 ☐5.文學

☐6.休閒旅遊 ☐7.小說 ☐8.人物傳記 ☐9.生活、勵志 ☐10.其他

對我們的建議：＿＿＿＿＿＿＿＿＿＿＿＿＿＿＿＿＿＿＿＿

＿＿＿＿＿＿＿＿＿＿＿＿＿＿＿＿＿＿＿＿

＿＿＿＿＿＿＿＿＿＿＿＿＿＿＿＿＿＿＿＿

＿＿＿＿＿＿＿＿＿＿＿＿＿＿＿＿＿＿＿＿

＿＿＿＿＿＿＿＿＿＿＿＿＿＿＿＿＿＿＿＿

請於此處用膠水黏貼